ZUR EINFÜHRUNG

Im Herbst 1934 wandte sich der am 13. Juli 1934 ins Leben gerufene, unter der Leitung des Herrn Staatsrat Geh. Regierungsrat Dr. Theodor Wiegand stehende Wissenschaftliche Ausschuß des Deutschen Orient-Vereins an die in Berlin tätigen orientalistischen Vereinigungen zum Zwecke der gemeinsamen Einladung zu einer Vortragsreihe 'Die deutsche Orientforschung, ihre Gegenwartsbedeutung und ihre Gegenwartsaufgaben'. Die Aufforderung erging an die Ortsgruppe der Deutschen Morgenländischen Gesellschaft, die Vorderasiatisch-Ägyptische Gesellschaft, die Deutsche Orient-Gesellschaft, die Altorientalische Gesellschaft, die Deutsche Gesellschaft für Islamkunde, die Gesellschaft für Ostasiatische Kunst und den Verband für den fernen Osten. Die genannten Vereinigungen gaben bereitwillig ihre Zustimmung und verzichteten zum größeren Teil zugunsten des gemeinsamen Unternehmens auf eigene Vortragsveranstaltungen während des bevorstehenden Winters.

Zu dem Unternehmen ermutigten die Worte der Anerkennung und das Versprechen kräftiger Förderung seitens des Staates, die der Reichserziehungsminister bei Gelegenheit der Berliner Jahrtausendfeier zum Gedächtnis Firdosis am 27. September 1934 durch den Mund seines Vertreters der deutschen Orientforschung mitgeteilt hatte. Man findet sie in der Zeitschrift der Deutschen Morgenländischen Gesellschaft Bd. 88 Heft 2 S. 112—115 wiedergegeben. Kurz vorher hatte der 7. Deutsche Orientalistentag zu Bonn (29. August bis 1. September) ein eindrucksvolles Zeugnis für die Einheit und Solidarität der Orientforschung abgelegt. Anstatt der sonst üblichen Aufteilung der wissenschaftlichen Vorträge in fast beziehungslos nebeneinanderstehende Fachgruppen war eine einheitliche Reihe von Vorträgen aufgestellt worden, an denen sämtliche Besucher der Tagung teilnahmen. Es wurde dem Sinologen Gelegenheit geboten, sich über neue Ergebnisse der vorderasiatischen Altertumskunde zu unterrichten, während der Islamforscher Neues aus der Indologie erfuhr — und der Erfolg bewies die Richtigkeit dieser Neuordnung. So wurde der Wunsch rege, über den Kreis der Fachgenossen hinauszugehen und einem größeren gebildeten Publikum in der Reichshauptstadt Rechenschaft über Ertrag und Bedeutung der orientalistischen Arbeit abzulegen.

Die Hoffnungen, mit denen die Veranstalter das Unternehmen begleiteten, wurden durch die Aufnahme, die den Vorträgen zuteil wurde, und durch die warme und gleichbleibende Teilnahme der großen Hörerschar über Erwarten erfüllt. Die weite Verbreitung des Interesses an den Fragen des Orients in Geschichte und Gegenwart wurde dadurch ebenso ins Licht gerückt wie das Verlangen nach sachlich unvoreingenommener und objektiver Darlegung geschichtlich-gegenwärtiger Dinge überhaupt.

Den vielfach laut gewordenen Wunsch, die Vorträge im Druck festzuhalten, hat der Wissenschaftliche Ausschuß des Deutschen Orient-Vereins sich zu eigen gemacht. Er fand bei der Verlagsbuchhandlung bereitwilliges Entgegenkommen und beauftragte den Unterzeichneten mit der Herausgabe. Die Vorträge erscheinen hier, wie sie gehalten wurden; nur beim dritten Vortrag beschränkt sich die Mitteilung auf den ersten, das Grundsätzliche zusammenfassenden Teil, unter Fortlassung der die anschließenden Lichtbilder begleitenden Erläuterungen. Für die einzelnen Vorträge tragen die Verfasser die wissenschaftliche Verantwortung.

Berlin, im März 1935.

Hans Heinrich Schaeder

DER ALTE ORIENT

VON

WILHELM WEBER

29. Oktober 1934

Was ich in diesem Vortrag[1] zu sagen habe, kann nur Andeutung, Hinweis, Anregung, eine Skizze sein. Das Thema »Der Alte Orient« in so kurzer Zeit bis zum Grund auszuschöpfen, kann niemand sich vermessen, da schon die Fülle des Stoffs verwirrt und seine Mannigfaltigkeit auch den Kundigen überwältigt. Über ein Jahrhundert rastlosen Forschens liegt hinter uns. Ausgrabungen in großer Zahl und in dem weiten Gebiet Nordostafrikas und Vorderasiens, unter denen die deutschen in Babylon und Assur, in Fara und Uruk, in Tell Halaf, Sendschirli und Boghaskiöi, an den ägyptischen Pyramiden und in Echnatons Stadt Tell Amarna in aller Welt berühmt geworden sind, haben Dörfer und Städte, Tempel und Paläste, Königsgräber und Massenfriedhöfe, Bibliotheken und Archive, endlose Reihen von großen und kleinen Kunstwerken und Geräten des täglichen Lebens wiedererschlossen. Unsere Museen bergen reiche

[1] Den Vortrag begleiteten 77 Lichtbilder, die, was dem Verfasser von vielen Seiten bestätigt wurde, die Aufnahme der hier entwickelten Gedanken außerordentlich erleichterten. Sie alle hier zu wiederholen, ist aus klaren Gründen unmöglich, die Beschränkung auf eine kleine Zahl aber in jeder Hinsicht unbefriedigend. Darum sei denen, die mit dem Stoff weniger vertraut sind, die Bitte ausgesprochen, die Darstellung der »Kunst des Alten Orients« von Heinrich Schäfer und Walter Andrae (Propyläen-Kunstgeschichte II) mit ihren 570 Tafeln zuerst zur Hand nehmen und von da aus sich weiter in die Literatur zu vertiefen. Da die Bilder fehlen, wurden an einzelnen Stellen des Textes Umstilisierungen oder leichte Zusätze nötig. Der Abschnitt S. 22 bis S. 23 o., der damals aus Zeitmangel unterdrückt werden mußte, ist hier eingefügt. Im übrigen ist der Wortlaut des Textes wiederholt.

Schätze und doch nur einen geringen Teil dessen, was in dieser fernen Welt Vorderasiens und Ägyptens und in den längst versunkenen drei Jahrtausenden der vorchristlichen Zeit gestaltet wurde, die wir »Alten Orient« nennen. Generationen von glücklichen Entdeckern, emsigen Ausgräbern und schaffensfrohen Gelehrten haben im Jahrhundert der Wissenschaft Begeisterung, Scharfsinn, Intuition und feinste Beobachtung, Geduld und zähe Kraft eingesetzt, um die unbekannten Schriftsysteme und Sprachen, die Literaturen und Künste, die Wirtschaftsformen und die mannigfaltigen Religionen, den Ablauf des gesamten Lebens der Völker und Staaten in dieser altorientalischen Welt bis in seine Tiefen zu enträtseln. Wie wir es hochzuschätzen wissen, daß die Staaten und Völker des heutigen Orients den Wegweisern zum Verständnis ihrer alten Kulturen dankbar sind, so vergessen wir selbst heute weniger denn je die Söhne unseres Volks, die zu diesen Wegweisern gehören. Steht nicht der junge Göttinger Grotefend, der vor 132 Jahren die Keilschrift entzifferte, am Anfang aller exakten Wissenschaft über die altmesopotamischen Kulturen? Koldeweys Name wird immer mit Babylon verbunden sein. Haben die Gelehrten der Napoleonischen Expedition nach Ägypten und der geniale Champollion den Grund zur Erforschung des alten Ägypten gelegt, das Denkmälerwerk unseres Richard Lepsius, die Lebensarbeit des am Vorabend seines 80. Geburtstags unermüdlich schaffenden Adolf Erman, dessen wir hier in Ehrfurcht gedenken, sind die wuchtigen Säulen, auf denen die ganze internationale Ägyptologie der letzten Generation ruht. Wer wollte hier unseren Kurt Sethe vergessen, dessen Wissen um die ägyptische Kultur kaum mehr erreicht werden wird, wer Eduard Meyer, der, mit den einzelnen Disziplinen wachsend, zu universaler Herrschaft über die gewaltigen Stoffmassen des Ganzen emporstieg, der umfassend, eindringlich, wirklichkeitsnah das Gesamtbild der Älteren Welt zu entwerfen unternahm? Was diese Meister und tausend helfende Geister und Hände an Erkenntnissen und noch dunklen Problemen vor uns gestellt haben, ist erdrückend viel. Es ist würdig des Jahrhunderts der Wissenschaft. Ein Erbe, das Hüter verlangt.

Jeder von uns hat die Zeit jäher Erweckung und Selbstbesinnung des Deutschen Volkes erlebt. Politisch neu gefügt, gefestigt, geführt geht unser Volk seinen Weg. Jung geworden, gestaltet es aus uralter Kraft sein Leben neu, um bewußt sich abzuheben. Dunkle Zukunft als Ziel, Urvergangenheit als wirkende Kraft, bestimmen seine Gegenwart und erhöhen ihren Sinn. So schreitet dieses Volk, bis ins Tiefste bewegt, in ein Jahrhundert des Glaubens.

Wollen wir in der Auseinandersetzung mit uns allein das Bild unseres neuen Lebens prägen? Wir sind nicht allein in der Welt. Immer war die Welt der Spiegel zur Selbsterkenntnis der Völker. Es gibt seltsam viel verwandtes Schicksal in der Welt. Ein gewaltiges Beben geht durch den Osten der Welt bis in die fernsten Winkel Asiens. Völker erwachen aus ihrem Schlaf, wollen zu neuer Jugend reifen, frei und stark wie wir ihr Leben sich selber bestimmen. Jäh glühen auch da Urkräfte auf, und die Sehnsucht nach Wissen um ihre uralte Vergangenheit mischt sich mit ihnen. Die Tat unseres Führers gibt uns den Vorsprung. Unser Erbe aus dem Jahrhundert der Wissenschaft ist bereit. Wollen wir es jetzt brach liegen lassen? Wollen wir, die wir gewiß nicht Herrschaft über andere, nur Frieden und Verständnis für uns begehren, nicht aus unserem Glauben in uns und aus unserem Wissen um sie und ihr uraltes Leben zugleich unseren Blick weit offen halten und ihnen helfend spenden?

Es ist nicht nur dieses. Ein anderes, Größeres liegt noch näher. Und gerade dies kann uns mit Stolz erfüllen. In dem uns scheinbar so fernen zweiten Jahrtausend v. Chr. — aber was sind in der Menschheitsgeschichte 120 Generationen? — brachen Völker des Nordens auf, drangen über die trennenden Gebirge in die Länder des Westens und Südens ein von Frankreich bis nach Indien. Sie trugen Unruhe und Bewegung in diese südliche Welt. Sie lösten Gegenkräfte aus. Sie waren dem Norden verloren, aber seine Kraft ging auf in der südlichen Welt. Davon zeugen die Dokumente des Südens allein. Davon zeugt laut genug die ganze Geschichte des ersten vorchristlichen Jahrtausends. Was wüßten wir sonst von dieser Neugestaltung der Welt aus arischer und südlicher Kraft? Und durch das Christentum und Griechentum, aus der sassanidischen Kraft und der buddhistischen Mission strahlte sie Jahrtausende lang auf den eurasiatischen Norden zurück.

Adolf Hitler hat die Jugend aufgerufen, die Weltgeschichte der arischen Menschheit zu schreiben: ein Werk, würdig einer Jugend, die, von seiner Kraft getragen, das Höchste begehrt, die Verwirklichung des Glaubens. Versagt sie sich dem Ruf des Führers nicht, verzagt sie vor der Fülle und dunklen Problematik nicht, dann ist mir um die Wissenschaften, die das Leben der orientalischen Völker aufhellen, nicht bange. Dann schießt neue Kraft ein, und neues Leben wird blühen. Und ein neuer Lorbeer wird dem Genius unseres Volks dargebracht werden...

Was ich Ihnen, ausführlicher als manchem vielleicht recht scheint, darlegte, soll uns bei der Betrachtung der altorientalischen Welt begleiten, der ich mich nunmehr zuwende.

Wer aus der farbigen Bewegtheit griechischer Landschaft und ihren engen Räumen nach Ägypten hinüberfährt, wird beim Auftauchen des Landes von Fremdem fasziniert: Gelb setzt sich hart gegen tiefes Blau; streng waagrecht gleich einer mathematischen Linie, kaum bewegt von schwachen Akzenten organischen Lebens, Palmengruppen, Kuben von Häusern, breitet sich weithin das Land, eine Tafel, die Wüste, Steppe, Oasenland birgt. Wir haben Kreta noch im Sinn und seine frühe Kunst, die am Bruchrand zwischen Europa und dem Orient entstand und nun plötzlich wie ein uraltes Sinnbild dessen wirkt, was wir hinter uns ließen. Uns fällt das Bildchen des über einen Stier hinwegsetzenden Jünglings ein, das der kretische Künstler schuf: Er war willens und imstande, die einmalige, vorüberhuschende, nur eine Sekunde währende Bewegung naturnah wiederzugeben; das Gesetz der Freiheit beherrschte sein Lebensgefühl. Der ägyptische Künstler bildet eine Schwimmerin so ab, daß der Körper von den Zehen bis zu den Fingerspitzen in der Waagerechten ausgereckt, der Kopf senkrecht daraufgesetzt ist; er haucht Leben in alle Formen und preßt doch alles unter das Gesetz mathematischer Linien; er ist naturnah und doch gebunden, beherrscht durch eine vererbte Seh- und Auffassungsweise, soviel quirlendes Leben ihn umgibt. Oder ist es das Land, das mit magischer Gewalt auf ihn wirkt? Eine kristallinische Figur ist seine Pyramide, ein Kubus der Tempel seines Gottes noch in später Zeit. Kuben sind selbst die Häuser des modernen Dorfes. Und, mag auch in breiter Pracht das Kopftuch das Gesicht des Königs umrahmen und urtümliche Kraft diesem entstrahlen, der Bildner unterwirft selbst die Statue des Hockenden diesem Gesetz, und in der ewig jungen Haltung des meditierenden Beters wird versonnene Ruhe zu schwerer Statik. Der Ägypter verflicht im kunstvollen Ornament je fünf Seile in fallenden und steigenden, zusammenhaltenden Bogen und Spiralen; aus Abneigung gegen die Leere die Zwischenstücke mit Säulen oder Tierschädeln und Rosetten füllend, ordnet er die Spiralen über den stark betonten Längsachsen spiegelbildlich in geometrischen Gruppen und Streifen und schafft so ein reiches, vertikal gerichtetes Muster, das ebensogut begrenzt wie bis zum Himmel ansteigend gedacht werden kann. Der Handwerker aber, der dem mykenischen König den Brustschild schuf, hatte am freien Gewoge der in Horizontalwellen ziehenden Reihen spiegelbildlicher Spiralwellen seine helle Freude. Wie anders fühlt der Nordische, der einige Zeit später den runden Boden eines Hängebeckens mit einem reichen Muster schmückt: Um einen Kreisring, dessen Mitte, einer Scheibe, je 6 kleine $^3/_4$- und größere $^1/_2$-Kreise ineinander greifend zugeordnet sind, legen sich drei Ringe, ein Spiralband, ein auf- und absteigendes einfaches, ein breitgezogenes doppeltes Wellenband; auch hier ein feines System, aber es herrscht nicht vor, und der Künstler scheint sich vor Ranken und Schlingen, Gleiten und Wogen nicht retten zu können und mit seiner Bewegtheit am Gegenpol zu jener ägyptischen Gebundenheit, Beherrschtheit, Geometrik zu stehen. Uns quält die Frage: War es denn der Wille des ägyptischen Volkes, das früh gefundene Gesetz seines Lebensstils durch die Jahrtausende mit gleicher Gewalt über sein rauschendes Leben herrschen zu lassen? Wirkt hier vielleicht nicht doch mit derselben dauernden Gewalt auch die metaphysische Kraft des Lebensraumes, dieses langen schmalen, von Bergen begleiteten Stromtals, das wie der Tempel das Leben des Gottes und seiner Priester, wie der Sarg den Toten, das Leben dieses Volkes umschloß? Urtümlich harter Konservatismus, elementare Nüchternheit einer ratio zwingen das Leben in Formen. Es sprengt sie nicht, aber bis zur weißen Glut erhitzt scheint die Oberfläche von seinem Brand . . .

Wir überfliegen in Gedanken die Lande des Alten Orients.

Von der Sahara herkommend, dehnt sich, hie und da von Wüste durchbrochen, ein Steppengürtel über die kontinentalen Gebiete der subtropischen und der gemäßigten Zone des afrikanisch-asiatischen Kontinentalmassivs. Im ausdörrenden Klima ist der Niederschlag gering, die Verdunstung stark, die Vegetation rasch aufgeblüht und verbrannt. Oft ist der Boden dann kahl und zerrissen. Flüsse aus wasserreichen Grenzgebieten versiegen oder füllen salzige Seen. Nur die größten von ihnen bringen wie der Nil die tropischen Sommerregen seines Quelllandes, so der Euphrat und Tigris aus weitverzweigten Systemen die Wasser der Gebirge des Nordens und der Talränder zum Meer. In der Trockenregion entstehen dann Riesenoasen wie Ägypten oder Mesopotamien. Wo Wasser ist, gedeiht Leben. Ein ewiger Dreiklang: Wüste, Steppe, Oase beherrscht das weite Massiv. Wüste birgt Gefahr, Tod; auf immer gleichen Wegen durchschreitet sie die Karawane. Steppe erzeugt Bewegung, Weite, Kraft. Oasen gewähren Siedlungen, lassen auf schmalem, kostbarem Grund Leben gedeihen. In den wasserreichen Bergtälern, längs den Flüssen, in den Mulden und Wannen der Stromtäler Ägyptens und Mesopotamiens wächst Leben in Fülle und erblühen seit dem endenden 4. Jahrtausend v. Chr. die Stromtalkulturen, die ersten Stadt- und Hochkulturen der Welt. Aber nicht oft in der Welt wird der Mensch von der Natur in so harte Zucht genommen wie auf diesem Grund.

Jahrtausende geschichtlichen Lebens sind vergangen, ehe diese Hochkulturen entstanden. Vom älteren Paläolithikum an und seinen in Westeuropa und Nordafrika bekannten Stufen ist auf den Höhen der Bergränder über dem Niltal die Tätigkeit des Menschen aus Feuersteinkeilen, Messern und Hohlschabern bekannt. Durch das jüngere Paläolithikum, in dem das Hochland Wüste wurde, der Mensch ins Niltal hinabzusteigen sich gezwungen sah, bis an die Jungsteinzeit schließen sich weitere Zeugnisse an. Ägypten gehört da als ein Glied nur in den Bereich der Capsien-Kultur an der Südseite des ganzen Mittelmeers. Weitere zwei Jahrtausende von etwa 5000—3000 folgen, in denen die hamitischen Rinderhirtengruppen, von Mittelasien kommend, Nordafrika besiedelten und in Ägypten der Kampf um den Talboden und seine Erschließung durchgeführt wurde. In Oberägypten und Nubien lassen sich zwei Kulturen abgrenzen, Jägern und Rinderhirten die ältere, Bauern die jüngere gehörend. Jagd, Fischerei, Ackerbau und Viehzucht, Schwein, Ziege, Schaf und Rind gehören einer älteren Gruppe Unterägyptens, die etwa um 4000 v. Chr. anzusetzen ist, und die jüngere dort zeigt schon die gereifte Bauernkultur. Sichtbar sind die beiden Landschaften des Niltals noch getrennt; das Ganze aber beginnt sich von dem asiatischen Orient scharf abzusetzen. Am Ende dieser Entwicklung gehört Ägypten, das seine eigene Form in allem entfaltet, der Bauernkultur, der Dorfkultur an wie Asien, aus der sich gegen Ende des 4. Jahrtausends wie dort die Stadtkultur erhebt.

18 Meter tief unter der Schicht der Stadtkultur des 3. Jahrtausends beginnen die ältesten menschlichen Spuren auf dem Schilf- und Schlickboden des Alluviallandes Mesopotamien in Uruk. Als schöne Erkenntnis, mit der uns die deutschen Ausgräber in Uruk beschenkt haben, tritt uns hier die Beobachtung eines Kontinuums von menschlicher Siedlung entgegen, wie man es nicht leicht in der Welt findet. Hier wird das Geschichte zum Bild der Geschichte, zum Gerüst der Chronologie frühen geschichtlichen Lebens im 5. und 4. Jahrtausend v. Chr. Mit Fischern und Jägern beginnt das Leben auch hier, um ganz allmählich, in Durchwachsungen mit fremden Elementen, in Wechsel und Kontinuum jene Hóchzeit der Stadtkultur zu erreichen. Auch hier wie an anderen Orten ist der Durchgang durch die Stadtkultur vollzogen. Aber waren es in Ägypten die hamitischen

Hirten, die sich mit dem Bestand an älterem Menschentum auseinanderzusetzen hatten und Bauern wurden, dem Leben seine Form gaben und Ägypten gegen Asien absetzten, so ist in Mesopotamien damit a priori zu rechnen, daß in dem Maß, wie das untere Oasenland bewohnbar wurde, von allen Seiten Schwärme einzogen: Aus den Steppen Arabiens und Syriens semitische Nomadengruppen, die jenen Hamiten aus dem Bereich der mittelasiatischen Hirtenkultur nachgerückt sein müssen, von den Bergen des Nordens und Irans, dem Bereich der älteren, 'taurischen' Dorfkultur, der sich von Susa bis nach Anau in Turkestan nachweisen läßt und über Kleinasien nach Südosteuropa ausstrahlte, über Turkestan aber wahrscheinlich bis in die Mongolei wirkte. Wir kennen die Herkunft der Sumerer, der Träger der Stadtkultur des südlichen Landes, noch nicht genau; aber wir wissen jetzt, daß sie weder die ersten noch die einzigen waren, die da wohnten, und daß Semiten, die im dritten Jahrtausend schon mit größter Aktivität wirkten, nicht erst da ins untere Land eingebrochen sein werden. Der Bereich jener 'taurischen' Dorfkultur aber und ihre Inhalte lassen sich auf ältere Stufen zurückführen; ich deute dies nur an: Dorfkultur, Hackbau, Viehzucht, Holz-, Schmiede- und Töpferarbeit; Abneigung gegen naturalistischen Schmuck der Vasen, die erstaunlichen Sinn für das Dekorative, zugleich ein eigentümliches Lebensgefühl offenbaren — ist der Steinbock, der auf diesen Vasen erscheint, heiliges Tier wie noch heute im Volksglauben georgischer Stämme im Kaukasus? — eine zentralisierende Ordnung der Elemente, als sei der Mensch und sein Tun die Mitte der ganzen Umwelt. Alles, was die Vasen von Susa verraten, ist Beweis für eine Höhe der Dorfkultur, die erste Organisation des Lebens in ihrem Sinn, daß ältere Stufen und die Fortwirkung ihrer Haltung gefordert werden müssen. Und andererseits ist der Weg noch weit zu den jüngeren Stufen, die im nordwestmesopotamischen Tell Halaf und in den südmesopotamischen Schichten (Obeid) erscheinen. Bei alledem ist heute schon mindestens als wahrscheinlich anzusehen, daß in diese frühe Zeit des 5./4. Jahrtausends die Elemente der Auffassungen vom Menschenleben gehören, die uns in der entwickelten Kultur begegnen, die Beobachtung des Kreislaufs der Gestirne und des Jahres, des Aufblühens und Vergehens der Natur wie des menschlichen Lebens, die Allmacht der großen Mutter Erde und des männlichen zeugerischen Prinzips, gleich ob man dieses als Wettergott, Himmelsgott, Sonne oder Vegetationsgott sich vorstellt, und ihrer Vereinigung zur Zeugung. Die Fülle des Lebens im unteren Land entfaltet sich. Wir stehen hier erst in den Anfängen wirklicher Erkenntnis. Wenn aber in Uruk ein Bild von der Löwenjagd zutage gekommen ist wie das hocharchaische, das die deutschen Ausgrabungen gespendet haben, dann haben wir doch wohl jetzt sichere Anhaltspunkte dafür, daß die Kunstformen dieser Zeit weit über den Rand des mesopotamischen Raums hinauswirkten. Denn ein in Ägypten gefundener Messergriff zeigt nicht nur im Motiv des Helden zwischen den zwei Löwen, der antithetischen Gruppe, in der Reihung von Tieren und Menschen die Verwandtschaft mit mesopotamischen Motiven und ihrer Gestaltung und Reihung. Und überraschender fast noch wirkt der Vergleich zwischen der Mosaikstandarte von Ur und der Schminkpalette des ersten historischen Königs Ägyptens: Da ist die lose Streuung überwunden. Die Figuren sind auf der Fläche zu einer neuen Ordnung in Schichten übereinander gefügt, die klar getrennt sind. Es ist der gleiche Weg der Entwicklung, fast auch ihre gleiche Dauer, die bis zu der ersten großen und klaren Ordnung der Lebensform zu Beginn der Hochkultur zurückgelegt sind. Tritt uns da nicht in beiden altorientalischen Hauptkulturen das gleiche Ordnungsprinzip entgegen, die Unterwerfung der Vielfalt unter das Gesetz der mathematischen Linie, wie wir es zu Anfang nannten? Und sehen wir noch einmal zurück: Wir ermessen zugleich, wie weit der Weg ist von jenen uralten Stufen, wie stark die Fernwirkung ist aus jener Zeit, wenn heute festgestellt werden kann, daß schon im Paläolithikum sich die Faustkeilkultur und die Klingenkultur über den Süden und den Norden der Welt verlagerten, sich durchdrangen, als sei da schon die Kultur in zwei große Bereiche verteilt gewesen, als seien die Hirten Mittelasiens und Südosteuropas seit uralters vom Raum des Südens angezogen worden.

Bestimmt nicht doch die Natur das Leben der Menschen? Betrachten wir die Gruppen näher: Die in der Steppe, die zu Bauern gewordenen des Fruchtlands, die seit dem endenden 4. Jahrtausend die Stadtkultur schaffenden Bauern. Ein Dreiklang auch hier, der seitdem das Leben dieser Länder beherrscht bis auf unsere Tage. Es rechtfertigt den Satz, daß die Stadtkultur in diesem Gebiet die älteste der Welt ist und weithin das Leben bestimmt, wirkt, ausstrahlt. Es genügt hier der Hinweis darauf, daß im 3. Jahrtausend, als Mesopotamien und Ägypten die Kernländer dieser Stadtkultur waren, als sie bis an den Rand Indiens ausstrahlte und bis nach Kreta und Nordgriechenland, der ganze Westen und Norden noch in der Dorfkultur verharrten. Das Werk der Phöniker, der Griechen, der Römer offenbart sich nirgends stärker als im Prozeß der Verstädterung der Welt; nirgends wird klarer, warum der Norden die junge Kraft der Weltgeschichte geblieben ist. Denn ist Stadtkultur mehr als »Zivilisation«?

Jene drei Gruppen, Typen des Steppennomaden, des Bauern, des Städters sind greifbar bis heute und aus allem verständlich. Aus den Rinderhirten Mittelasiens sind die Viehzüchtergruppen mit ihren teilweise riesigen Herden von Rindern, Schafen, Kamelen, Pferden geworden, die in regelmäßigem Wechsel von Weide zu Weide auf Reittieren oder Wagen in den Steppen wandern. Sie leben von ihren Tieren, verachten den Pflanzenbau keineswegs ganz. Was sie treiben, dehnt sich in die Breite, entbehrt der Intensität. Polygam, in Großfamilien gegliedert, unter dem herrischen Regiment des Sippenhaupts lebend, fügen sie sich dem Blutsprinzip, das die ethisch-rechtlichen Normen schafft. Durch Erbgang auf den Erstgeborenen ist der Familienbesitz vor Zersplitterung bewahrt. In Edle, Freie, Knechte zu gleichen wirtschaftlichen Zwecken geschichtet, mit starkem Sippenbewußtsein, auf Reichtum an Vieh und Abstammung stolz, mit Kriegergeist bis zum Räubertum, Mut, Herrensinn, sind sie der weiten, freien Natur verbunden, deren webende Kräfte Mensch und Tier Freund oder Feind sind; uralte Sitten und Anschauungen zäh bewahrend, alle Handarbeit verachtend, entrückt dem Wettbewerb der auf engem Raum sich ballenden Menschenmassen, ihren wirtschaftlichen Nöten und Erfolgen, all ihren Sehnsüchten und Idealen, sozialen Stufungen und Gegensätzen, ihren kulturellen Ansprüchen und Schöpfungen, beherrschen sie ihre Weidegründe, leben sie ein geschichtsarmes Dasein, sind sie das ewig fluktuierende Element der Bewegung in der einsamen Öde, dem endlosen Raum. Aber dieses Leben kann plötzlich reich werden und dann ihre gesammelte Kraft offenbaren, wenn sie in die hochgeschichtete Kulturwelt eindringen müssen. Denn leiden ihre Tiere Not an Grün und Wasser, so sind sie gezwungen, in das Fruchtland einzubrechen. Sie haben es oft genug im Verlauf vieltausendjähriger Geschichte getan. In nie aufhörendem Einsickern aber sich einpassend, haben sie die Seßhaften mit ihrer ungebrochenen Kraft verstärkt; dem Ruf eines Führers, seines Gottes folgend, sind sie über die Länder ausgeschwärmt: Hirtenkrieger, die Reiche geschaffen haben.

In den Oasenlandschaften sammeln sich die Menschen auf engem Raum. Sie ringen in strenger Arbeit um die Rodung, die Entsumpfung, die Urbarmachung des Bodens, damit er den ersehnten Ertrag spende. Sie entwickeln seine wuchernde Fruchtbarkeit, indem sie unter der Führung starker Organisatoren das vorhandene Wasser sorgsam abdämmen, verteilen, gar in großangelegten, immer dichteren Kanalsystemen weithin leiten. Wo das Element Wasser erscheint, gedeiht Acker- und Gartenkultur. Wo die Kanäle zerfallen, stirbt die Kultur, kehren die Steppe oder Wüste zurück. Und die Hochflut des sommerlichen Nils oder der im Frühjahr steigenden mesopotamischen Ströme sind für das ganze Leben bedeutsam. Die Grenze zwischen Fruchtland und Ödland ist jedem Auge sichtbar. Die Pflege der Wasserwerke ist die ewige Sorge der Oasenvölker, die Ruhmestat mythischer Gründer oder all ihrer guten Herrscher. Sie zwingt sie zu angespannter Arbeit auf engem Raum; durch sie wird der lockere Pflanzenbau der älteren Zeit zum hochwertigen Ackerbau intensiviert. Acker-, Garten-, Viehwirtschaft in immer komplizierterem Arbeitsgang erfordern die Kraft des Bauern. Im Leben dieser Ackerbauern, das der Gang der Jahreszeiten regelt, vereinigen sich Schwere und Zähigkeit mit Jähe und Hitze, wie die scharfen Gegensätze zwischen Tagesglut und Nachtkühle, Sommer und Winter mit ihren raschen Übergängen hier zusammengehören. Aus allem wächst ihnen eine völlig andere Lebensorganisation und Lebensauffassung zu als den Menschen, die im Steppenmeer sich bewegen. Denn die Arbeit kettet an den Boden. Das Dorf mit seinem Ackerland, ein überschaubarer Bezirk, ist die Heimat. Verliert er sie, so ist er entwurzelt. Gemeinsames Werk schafft Wasser und Wege, die Flurverteilung und -erhaltung; sie wirkt ausgleichend auf die Teile, übt auf die Sitten einen scharfen Druck. Die Pflege der Götter und der Ahnen, das Walten über dem Eigentum und der Heimat, die Erfahrungen der Generationen leben weiter. Auch dieser Bauer ist zeitlos, Glied einer endlosen Kette. Ungeheure Stetigkeit liegt über allem. Statik beherrscht das Leben, status, Zustand, Sein, nicht Werden. Das Dorf ist die Zelle des Staats auf festem Boden.

Wenn nicht alles trügt, erwächst aus der Verbindung der nomadischen Kräfte der Bewegung und der bäuerlichen des Verharrens die alte Stadtkultur. Ich erinnere daran, daß seit dem endenden 4. Jahrtausend der Typus »Stadt« fertig ist. Kleine Ackerstädte zuerst, in deren Weichbild das leicht erreichbare Ackerland liegt, im 2. vorchristlichen Jahrtausend schon ins Riesenhafte wachsende Städte am Strom wie Theben oder Babylon, die Großstädte der Spätzeit der altorientalischen Welt. Typen scheiden sich: Städte, die regellose Haufen von festen Häusern darstellen, andere, die nach dem Willen eines großen Bauherrn, nach einheitlicher Planung geworden sind, gleich ob sie zu vorübergehendem oder dauerndem Aufenthalt bestimmt sind. Dann sind die Arbeiter- oder die Residenzstadt sogar zu einfachen geometrischen Mustern geordnet. Riesige Heiligtümer, prunkvolle Paläste, stolze Herrenhäuser, die Massen armseliger Hütten verdeutlichen im Lauf der Zeiten immer stärker die soziale Schichtung. Scharen oft erschreckend bedürfnisloser Bewohner pressen sich in ihnen zusammen. Unternehmungskraft schafft vielfältiges Leben. Wenn der Drang in die Ferne sich durchsetzt, entfaltet sich Handel über das Weichbild hinaus bis in entlegene Länder. Die Stadtkultur entwickelt die Elemente der Schrift und die große Kunst, die Schriftlichkeit des ganzen Verkehrs, die gesicherte Überlieferung über die Vorzeit, die Selbstdarstellung des Menschengeistes im Bild und Bauwerk. Sie erzwingt die reiche Differenzierung der Wirtschaft, die Organisation der Arbeit der zahllosen Typen schaffender Menschen. In der Stadt zerbrechen die alten sozialen Gemeinschaften des Stammes, der Sippe; sie verflüchtigen sich zu nur noch religiösen Bindungen, wirtschaftlichen Berufsvereinigungen. Da entwickelt sich der soziale Aufbau, die politische Organisation. Der Städter erlebt eine neue geistige Einheit. Sein Bild, sein Charakter setzen sich ab von jedem anderen. Im Wettbewerb auf den Verstand und die Energie angewiesen, entfaltet er in ganz anderem Umfang als der Bauer die Formen rationaler Kultur, einen Reichtum von Gestaltungen, technische Fortschritte, für die es keine Schwierigkeit zu geben scheint, kein Material fehlt. Der Sinn für Planung, Ordnung ist mit dem träumerisch sich sehnenden Drang in die Weite eine Verbindung eingegangen, die sich in all dem voll auswirkt. Alles, was die Stadtkultur zeitigt, strahlt in weite Fernen. An zahllosen Beispielen wäre das zu illustrieren. Es genügt hier, noch einmal daran zu erinnern, daß die Form des Lebens selbst von hier aus ihren Siegeszug in die Welt angetreten hat. Die schaffende Menschenkraft scheint, der Natur unmittelbar entrückt, von der Stadt als der Mitte des Lebens aus diese Natur zu meistern. Der Kampf ist schwer. Aber scheint es nicht doch, daß die Natur schwer besiegbar ist, ihr Recht behauptet?

Wer ein einziges Mal orientalisches Leben beobachtet hat, hat einen Zwiespalt stark empfunden: Wir kennen ihn schon. Märchenhaft, sinnberauschend bunt flirren Formen und Farben durcheinander. In Überschwang und Maßlosigkeit, ins Grenzenlose und Endlose scheinen sich Gedankenketten zu verlieren. Unberechenbar wie die Figuren des Kaleidoskops, sind sie doch nur Aggregate, oft nur Schöpfungen einer bildhaften Anschauung der Welt. Das rational abstrahierende und organisierende Denken des Europäers steht, ihnen längst entwachsen, befremdet vor ihnen. Diese Denkweise ergreift die Gegebenheiten der Welt als feste Bilder, ergründet, entfaltet ihre Inhalte nicht von innen her, sondern erklärt sie aus Haufen von verwandten, drückt sie auch in immer weiter wuchernder Folge, in phantastischstem Wechsel durch einfache oder auch farbenprächtige Bilder aus. Sie kennt die Zusammenschau von innen her, von einem alles zusammenfassenden Augenpunkt aus nicht sofort und Systematik nur als Summe von Einheiten, die man beliebig vermehren kann. Darum ist das lebensvolle Nebeneinander des abstrus scheinenden Primitiven, Uralten und des Reifsten überall zu finden heute wie ehedem, wo man auch einen Schnitt quer durch diese Welt legt. Denn die Welt ist bunt, und auch in ihr dauert das Naturhafte neben dem Gezüchteten; Fortschritt ist nicht Vernichtung eines Überwundenen, sondern Entfaltung eines Neuen neben ihm. Daher stammen die unendlichen Kräfte der Beharrung, die dem Menschen das Bewußtsein seines Zusammenhangs mit allen vergangenen Geschlechtern, durch sie hindurch und rings um ihn die Verbundenheit mit der Natur schenkt. Weil sie zeitlos, gegenwärtige Mächte sind, braucht dieser Konservatismus die Dynamik der vom innersten Grund her treibenden Kräfte nicht zu kennen, entbehrt er leicht die »Entwicklung«, den »Fortschritt«, gewährt er Halt, Stetigkeit, Ruhe, die unnennbare Würde. Aber selbst Überschwang ist einförmig und eintönig. Aggregat wie die Menschenmassen, die Heeresmassen, die Häuserhaufen der Riesenstädte sind die Steinmassen der Säulenhallen, Höfe und Räume eines Tempels, die Länder, welche zusammen ein Reich, die »Welt« ergeben. Reiht sich aber nicht über der Längsachse eines solchen Riesentempels, spiegelbildlich sich entsprechend, alles zu einem geordneten, einfachen Ganzen? Ein Ordnungsprinzip ist zu erkennen, auch dieses ein natürliches, fast mechanisches, das überall herrscht, über die Fülle eines sinnverwirrenden Ornaments wie die Häusergruppen einer nach einheitlichem Entwurf entstandenen Palaststadt. Und so ordnet sich auch die Welt, gleich ob sie als Kreis oder als Viereck vorgestellt wird, von der Achse oder von einer Mitte aus in vier Weltgegenden. Merkwürdig: Ägypten ist seit der ältesten Vereinheitlichung, die von Norden nach Süden sich vollzog, das Land rechts und links des Nils, seiner Achse, das untere und das obere Land. Merkwürdiger noch, fast seltsam und zum Nachdenken stimmend: Als Alexander der Große die Welt bis zum Indus hinaus mit seinem makedonischen Land zum Weltreich vereinigt hatte, wählte er die alte mesopotamische Hauptstadt Babylon zur Residenz: Es war die Mitte des Kreises, dessen Peripherie die Indusmündung, das äußerste Alexandrien im Nordosten, im Westen aber Libyen und Albanien einschlossen. Als Caesar vor dem Aufbruch zum Partherkrieg daran dachte, Alexandrien in Ägypten zu seiner neuen Residenz zu machen, wählte er, bewußt oder unbewußt, die Mitte seines künftigen Weltreichs. Aber auch Rom ist doch die wahre Mitte Italiens und fast die Mitte des orbis Romanus. Hier liegen offenbar Probleme, die dem Süden eignen und seiner Statik; die ihn von uns trennen und unserer Bewegtheit, Dynamik. Und woher stammt denn der Gedanke und die Form des politischen Zentralismus? Vom Norden? Aus diesem alten Orient und seinem status, von der Welt des Südens überhaupt, von der Rom und das Abendland, das von ihm abhängt, nicht ausgeschlossen werden können.

Aber dringen wir doch tiefer ein. Im ägyptischen Tempel schwebt auf den dem Fußboden entwachsenden Pflanzensäulen der bestirnte Himmel als Decke. Es ist die in einen Kubus verdichtete Welt, welche die heilige Hütte des Gottes umschließt. Auch in dieser Welt ruht der Himmel auf vier Stützen. Die Decke des großen Säulensaals im Amuntempel von Karnak ruht auf 134 Säulen zu 16 Reihen. Die zwei Reihen des Mittelschiffs sind über die 14 der Seitenschiffe im Verhältnis von 8:5 überhöht. Die Kapitelle der ersteren sind offene, die der anderen geschlossene Papyruskapitelle. Das Ganze versinnlicht also eine Papyrusstaudenpflanzung, deren äußere Reihen noch knospen, während die inneren im Verhältnis des Goldenen Schnitts ausgewachsen, aufgeblüht sind. Hier bietet sich, in Stein erstarrt und der primitivsten und schönsten Proportion unterworfen, Natur der Anschauung. Klar und klassisch wird hier das rationale Ordnungsprinzip, einfach und sinnfällig. Ein solches Ordnungsprinzip gliedert, wie leicht verständlich, die Soldaten des altsumerischen Königs zur Phalanx, die Soldaten des ägyptischen Gaufürsten zur Gruppenkolonne. Es bindet sie zusammen, und diese Ordnung legt den Grund zum rationalen Krieg, der im 2. Jahrtausend auf erstaunliche Höhe kommt. Es beherrscht den merkwürdigen Sonnentempel der 5. ägyptischen Dynastie, dessen hochragende Obeliskenspitze beim ersten Sonnenstrahl aufleuchtet und das Erscheinen des Gottes offenbart. Aber auch jenen großen Hochtempel in Uruk, auf den wie auf einen Berg die Gottheit herabsteigt, um im Tempel am Fuß des Turms den Menschen nahezutreten. Es bleibt gegenwärtig, auch wenn die Urform der Pyramide spielerisch fast über Terrassen und Säulenhallen emporragt, oder wenn wie in Assur das Gotteshaus von zwei Tempeltürmen flankiert wird. Es fehlt nicht der Fassade von Uruk mit ihrer Reihung von männlichen und weiblichen Figuren. Und so wächst aus ihm plötzlich die Kraft der in ihrer Frontalität erstarrten Gestalt des alten Sumerers, und es steigert die gebundene Wucht der Kolosse des ägyptischen Königs. Schon von der Zeit vor dem Einsetzen der Hochkultur her, das kennen wir von einer kleinen Figur aus Ägypten eindringlich, ist jene Gebundenheit gesichert, und nicht nur für Ägypten und das untere Mesopotamien, sondern auch für dessen Norden, wie die alten Bilder von Gottheiten aus dem nordmesopotamischen Djebelet el Beda deutlich beweisen. Und Bilder des 2. und 3. Jahrhunderts n. Chr., die einen Gott dieses Gebiets darstellen, sind starke Zeugen für die Lebensdauer dieses Bildtypus durch 3000 Jahre. Dann aber ist sofort eines klar: Während Mesopotamien mit Zähigkeit der Norm treu bleibt, aber die Form von innen her durchglüht und belebt, ist in der gleichen Zeit, in der die vorhin erwähnte Fassade von Uruk mit ihren schlanken, fast zierlichen Gestalten geschaffen wurde, in Ägypten das Wunder der Durchbrechung jener starren Gebundenheit eingetreten. Von Echnaton, der die mythische Welt der Altvorderen abschüttelte, der die naturhafte Sonne als Spenderin alles Lebens pries, ging der Hauch zur bewegten Natürlichkeit aus, und es schien einen Augenblick, als seien die Fesseln gesprengt, die Freiheit gewonnen. Die Restauration folgte, und was bedeutete sie hier? Sein Werk war wohl Auflockerung, aber das Gesetz der Bindung war mächtiger als seine Tat.

Dürfen wir sagen, daß dieses Gesetz der Gebundenheit Elementarprinzip in dieser Welt sei? Rationalität bezwingt nüchtern, sachlich das bunte Leben. Schwer lastende Statik breitet sich über alles. Als teile ein Feldmesser die Weltflur in Reihen nach geometrischen Prinzipien, so herrscht diese Ordnung überall. Mag die Welt eng sein oder weit werden, in dieser Ordnung des unberechenbar Bunten liegt ihre Harmonie. Es ist die primitivrationale Anschauung der Welt, die dem Schicht um Schicht auftürmenden Oasenbewohner, Bauern und Städter, von der Natur aufgezwungen ist. Die Erde unter ihm, scharf geschieden in Fruchtland und nutzlosen Boden, der Himmel über ihm, der als flache Decke, als Tonnengewölbe oder als Kuppel auf den vier Stützen ruht, sie beeinflussen sein Tun. Oben und Unten, die droben und die drunten bilden eine Einheit, den Kosmos, die geordnete Welt. Verbindungen sind von oben nach unten, wir sahen es. Sind auch Verbindungen von unten nach oben? Der Mensch sinkt in die Erde als Leiche, seine Seele geht in das Reich der Toten fern im Westen, unter der Erde, in eine Gegenwelt ein. Aber schon in den Totentexten der Pyramiden steht das Bild vom gewaltigen König, der zum Himmel auffährt und dessen Eintreten ins Götterreich die Himmlischen zittern macht. Er will Gott werden, wird Gott. Und der babylonische Mythos von Etana erzählt von dem Helden, den der Adler emporträgt, bis die Erde unter ihm winzig erscheint; aber der Held erreicht sein Ziel nicht. Und der andere, Gilgamesch, zieht aus, am Rand der Welt das Mittel zu suchen, um die Grenzen, die den Menschen gesetzt sind, zu vernichten. Es sind also Grenzen, und die Ausnahmen bestätigen die Regel. Der Mensch wurzelt auf der Erde, sein Tun und Treiben, sein Denken und Fühlen sind erdnah und göttersüchtig. Was soll ich Ihnen hier aus tausendfältigen Zeugnissen beschreiben, wie er im Einzelnen denkt und fühlt, was er betreibt oder unterläßt; wie sein ganzes Dasein im Kampf und freudigen Genießen schlicht oder pathetisch, trocken oder groß geschildert wird, in Literatur und in Selbstzeugnissen.

Das Liebeslied des ägyptischen Mädchens, das Epos von den Heldentaten des Pharao, der Hymnus auf den großen Eroberer oder die Annalen des friedlichen Herrschers schildern dieses Leben wie die tausend und abertausend Bildwerke, die wir besitzen. Aber selbst in alle dem herrscht eine Typik an Bildern und Gedanken, die bezwingt.

Aber von Urbeginn an und immer neu tauchen die Augenblicke auf, wo der Mensch dessen inne wird, daß e r nicht alles kann, daß er versagt, wenn ein Unheimliches, Unbekanntes ihm zuwider ist. Und Scheu und Vertrauen, Hingabe und Treue, Ehrfurcht und Verzweiflung schließen sich zum Bund, um dieses Unbekannten Herr zu werden. Es kann nah sein, furchtbar wirken, aus einem wilden Tier, aus einem Baum oder Stein; es mag fern sein, jäh herabschlagen wie der Blitz oder regnend segnen oder glühend alles verbrennen. Der Mensch sucht es im Objekt zu fangen, im Bild; im Bild des Tiers, des Tiermenschen, des Menschen es zu halten und dauernd zu erhalten, um die stete Gegenwart dieser unbekannten Mächte sich zu sichern. Polydämonismus, nicht nur Polytheismus beherrscht das Leben. Wer könnte sich den Orient ohne diese alles umgreifende Macht der Religion denken? Sie ist wirklichkeitsnah, durchdringend, Leben gestaltend und beherrschend. Sie schafft Gestalten, die Jahrtausende dauern, und ihre Wohnungen, die, mögen sie zerstört sein, heilige Orte bleiben, weil in ihnen irgendwann einmal das Göttliche sich offenbarte. Götter des Dorfs, Götter der kleinen Stadt, Göttergesellschaften der Riesenstädte, des Reichs stehen nebeneinander. Ihre Priester werben für sie, wirken aus ihnen, sind Träger ungeheurer Macht über das Leben und die Menschen. Und wenn aus einem solchen Lebenskreis die Kraft zu ausgreifendem politischen Tun aufschießt, ist es nicht das Individuum, das dieses aus sich bewirkt, sondern der große Mensch, lugal, der König, den der Gott berufen hat. Dem Gott kommt die Kraft zu, ihm gebührt der Dank und die Ehre. Er hat die Macht erweitert im nahen und fernen Umkreis. Mag er bisher im Dunkel verborgen gewesen sein, er kann so plötzlich ein Reichsgott, ein Weltgott werden. Nicht nur Amun von Theben wurde so der Herr des Reichs der Ägypter, und nicht er allein wurde Herr des Himmels und der Erden, der Unterwelt, Berge und Meere. Und der Herr des Götterstaats im Himmel, im Kosmos überhaupt, dem Gegenbild der irdischen Welt und ihrer Ordnung. Und Amuns Name ist Anlaß für die Anschauung, ihn für den verborgenen Gott zu halten, der als universaler Herr der Welt seinen Sohn Thutmose berufen hat, die Welt bis an ihre Enden zu beherrschen. Hier ist noch Unmittelbarkeit zu spüren des in der Welt waltenden Allmächtigen. Es ist der Kern und das Urbild für die Anschauung, die anderthalb Jahrtausende später in der orientalisierenden neuplatonischen Philosophie Wirklichkeit wurde und von da in die christliche Religionsphilosophie einging: Der verborgene Gott ist da in die Unendlichkeit der transzendenten Welt entrückt — — da spürt man, wie die Welt im Lauf der Zeiten weit geworden ist. Denkt man zurück an den universalen Weltherrscher Amun, ist da Echnatons Anschauung (S. 16) nicht wieder so wirklichkeitsnah, so aus dem Zusammenhang der älteren Anschauung gerissen, wenn er seinen Gott preist als den,

der wachsen läßt die Frucht im Leibe der Frauen,
der erweckt den Samen des Mannes,
der dem Kücklein in seiner Schale die Kraft gibt, sie zu sprengen,
der allem Atem gibt, daß es lebe . . .

Hier ist die Kraft der unmittelbaren Anschauung der Naturerscheinung Sonnenscheibe spürbar; mythenlos, wider alle Vermenschlichung des Göttlichen erscheint die Sonne mit ihren Strahlen als die allerweckende und allbelebende Kraft der Welt, als der Schützer des Königs und der Königin. Ist Echnaton Revolutionär? Wir gaben schon vorher die Antwort.

Solche Steigerungen der Anschauung von den Göttern sind Höhepunkte in der Gesamtentwicklung der geistigen Welt des alten Orients. In ihnen verdichtet und entlädt sich zugleich ihre ganze Kraft, die durch die Menschenphantasie hindurchgejagt das Göttliche vom größten Menschentum aus zu prägen sucht, die aber selbst dies zu überwinden und den großen und klaren Naturphänomenen sich zu schenken wagt.

Aber dies ist nicht alles. Hinter ihm steht eine größere Anschauung. Die Regelhaftigkeit des Lebens der ganzen Welt ist ihre Ursache. Alles untersteht einer Ordnung. Diese aber ist die letzte Konsequenz aller summierenden und geometrisch ordnenden Anschauung der Welt. Sie gibt dem Kleinsten wie dem allmächtig scheinenden, dem Urtümlichsten wie dem Entwickelten sein Daseinsrecht. Sie stellt jeden an seinen Platz und durchwaltet alle, Götter und Menschen, Tiere und Pflanzen, die ganze Welt, so daß das Leben des Einzelnen und der Menschheit mit dem Leben des Alls verbunden ist. Am Gang der Jahreszeiten, der Gestirne, alles Wachstums ist der Gang des Alls abzulesen, den keine Macht der Welt ändern, dem niemand sich entziehen kann. Eine ungeheure Mechanik durchwebt das Weltgebäude, in dem der Mensch Mikrokosmos ist. Diese Ordnung hat aufbauende, segensreiche Kraft. Ihr verdankt das Leben seine Regelhaftigkeit, die Einteilung der Zeit, den Kalender, die Zeitrechnung, die regelmäßigen Festordnungen. Ethische Regulierung des Lebens teilt ihr das Wahre, Gute, Gerechte, Mächtige, Herrliche zu; alles Gegensätzliche ist gegen ihren Sinn. Das Leben ist im Einklang mit ihr. Sie steigert das Glück der Menschen. Und alles Entgegengesetzte verursacht Störungen, die rückwirkend alles bis zum Grund erschüttern können. Und solche Störungen lassen sich in regelwidrigen Zeichen am Himmel und auf der Erde, in ihren Formen und Äußerungen, in Mißwachs, Mißgeburten, in allen möglichen Seltsamkeiten aller Lebensbereiche erkennen bis zur Überschwemmung zur Unzeit, zu Epidemien, Bränden, Kriegen, die Menschen, Städte, Völker, Reiche heimsuchen, zerstören können. Und um ihretwillen entfaltet sich eine unheimlich exakte, abstruse Priesterwissenschaft, die auf Beobachtung, auf der vererbten Erfahrung der Generationen aufbaut und der Urgrund aller Wissenschaft ist. Diese sucht die Zeichen zu erklären und der Mittel habhaft zu werden, nicht nur um vorhandene Not zu beseitigen, um die Störung der Ordnung, den Zorn der Götter aufzuheben, oder um die Menschen zu bewahren, ordnungsgemäß zu veredeln, auch um alles Drohende, Zukünftige zu enthüllen. Darauf beruht die Macht nicht nur der Astrologen, sondern des ganzen primitiv-rationalistischen Priestertums, das mit den Mitteln der Magie und Mantik, der Gebete und Ritualien, der Opfer alles aufbietet, die Ordnung wiederherzustellen, ihre Segnungen den Menschen zu sichern, den Einklang, die Harmonie des Alls zu gewähren. Die Welt ist also eine Einheit aus tragenden und lastenden Kräften, die in einander greifen; ihr Gefüge ist vollkommen, wenn selbst das kleinste Teilchen richtig wirkt. Sie ist auf den Menschen bezogen. Aber dieser ist ein Sandkorn im All. Sein Wille ist durch die Ordnung gebunden. Daher ist Demut die rechte Gesinnung des altorientalischen, des orientalischen Menschen überhaupt. Diese Auffassung von Welt und Mensch verdankt ihr Dasein dem Kampf des pflanzerisch-bäuerlichen Menschen dieses Raums. In der Oasenkultur folgerichtig entwickelt, ist sie das reinste und klarste Abbild seines gesamten Lebens wie der Natur. Hier wird begreifbar, warum Gebundenheit und die schwere Statik alles bedrücken.

Was ist daher Staat in dieser Welt? status, Zustand, Aufbau nach oben, wo es sich um das Fruchtland handelt. Der kleine Gau, der die Dörfer zusammenfaßt, die engere Landschaft, welche die Gaue umfängt, die Landschaften Ober- und Unterägypten, die das Reich des Herrschers der zwei Kronen darstellen, die Angliederung der benachbarten Gebiete bis zu den fernsten Enden der Welt, Zusammenfügung um das Niltal, Aggregat also wie alles. Der Oasenstaat ist der Gegensatz gegen das Gemeinschaftsgebilde der ewig sich bewegenden Nomaden. Er ruht auf dem Boden, baut über ihm sich auf. Er ist die Ordnung der Arbeit und alles Lebens über ihm nach den Grundanschauungen, die ich schilderte. Der Organisator der Arbeit ist von Anfang an die beherrschende Kraft und Mitte. Der Wille des Staatsgründers wie des Staatslenkers erstreckt sich über das gefügte Ganze. Segen aus der Ordnung, Wohlfahrt ist der Grundgedanke. Dem dient das Heer von Beamten, das Gefüge der Gesamtorganisation, durch die der Wille des Zentrums bis in die peripheren und untersten Lagen dringt und auf gleichen Wegen zurückkehrt. Das Reich ist die Welt. Mag es klein oder groß sein, es ist so. Von den Rändern her zur Mitte baut es sich auf. Märchenland voll dunkler Schrecknisse scheint außerhalb zu liegen: Nur der kühne Sargon von Akkad kann dort eindringen und wird darum der mythische Große und Weltherrscher. Dieser Staat, status, wie er ist, pyramidal aufgebaut, getragen von den Beamten und Priestern wie den Kriegern, gelenkt allein vom Willen des Herrschers, gibt dem Volk keinen Anteil. Es ist passiv, empfangend, freilich auch leistend bis zum Übermaß, und endlos oft geschunden von denen, die um seiner Wohlfahrt willen da waren, im Letzten Objekt in der Hand des Herrschers. Monarchie ist die staatliche Lebensform. Bald 1000 Herrscher sind uns für die Staaten des »Alten Orients« in 3000 Jahren bekannt. Es ist daher zwecklos, von einzelnen zu reden. Aber für das Verständnis ist es nicht gleichgültig, wie das Bild dieses Herrschertums aussah. Man kann sagen, daß wie der Nomade und der Bauer, so der der Steppe und der dem Fruchtland gehörende Typus sich klar unterscheiden. Selbst der Herr aller Steppengebiete ist grundsätzlich ein anderer als der Herrscher des Oasenreichs. Im Bild des Oasenherrschers klingen spät noch urtümliche Züge in kultischen Zeremonien an. In öffentlichen Handlungen erscheint er noch als der den Wald rodende, die Ackerfurche ziehende Kolonist, als der das Land vermessende, den Grundstein setzende, Erde wegschleppende Arbeiter am Kanal oder Tempel. Er heißt Wohltäter der Menschen, weil er den Löwen oder Bären erlegt, die die Herde bedrohen, den Eber, der die Saaten zerwühlt. Er ist der glückliche, gewaltige Jäger, der Bezwinger jedes menschlichen Feinds aus einer Kraft, die ihn zum Stärksten aller Genossen der Gemeinschaft macht; er ist unheimlicher Träger nichtmenschlicher Kräfte und Herr der Geheimnisse des Lebens. Er ist der starke Stier, der Löwe, der Leopard, der Sturm, die Flamme, der Furchtbare, Siegreiche, Schützende. Er ist der Hirt, der Heilige, der riesige Mensch, lugal, der Gottgleiche und Gott. Ganz umspielt von den Kräften des Mythos und der Religion, ist er eine Gewalt der Religion, des sich sorgenden Glaubens. Hinter solchen Bildern versinkt zuweilen die Persönlichkeit mit ihren individuellen Kräften ganz, oder sie ist höchstens Veranlassung zu neuem Sinnieren. Andere aber durchglühen diese Bilder und weiten, bereichern sie mit neuem Leben und müssen darum, weil sie, aus wenigem Vieles schaffend, die Menschenphantasie tief erregen, als die Gewaltigen dieser Geschichte betrachtet werden.

Gott setzt die Monarchie auf Erden als Norm des Lebens. Erscheinend, kämpfend wie ein Übermensch, schafft Gott selbst das Reich für seinen Sohn, der geführt seine Taten nur als Gottes Taten erlebt. Der Herrscher, der aus dieser Kraft lebt, ist darum der ruhende Pol in aller Bewegung rings um ihn, sein Sitz die Mitte des Reichs, der befriedeten Welt. Sein Recht ruht in der Legitimation als Erster, als Repräsentant des Alls und seiner Ordnung; als Träger göttlichen Willens einziges Subjekt, ist er losgelöst von den Menschen, ihr absoluter Herr und Eigner der Erde. Ranggleich kann ihm keiner sein. Seine Thronnamen, Titel, Symbole, Siegel, seine geheiligte Tracht unterscheiden ihn von allen. Ein strenges Zeremoniell, das dem Zaubertum magischer Weltanschauung entstammt, trennt sein Leben vom Alltag der Menschen. Sie sehen ihn selten, berühren ihn nicht; ihr Atem darf ihn nicht beflecken, damit seine göttliche Kraft nicht entweiht werde. Sie erscheinen vor ihm in Demut; Knechte, die die Stirn zum Boden neigen, so tragen sie ihre Bitte vor den Herrn. An peinliches Formelwesen ist der Stil seiner Kundgebungen wie das Bittgesuch des Untertanen gebunden. Der »Kanzleistil« prägt so die festen Formen, die dauern. Der Abstand selbst der nächsten Berater ist gesichert und groß, und die Überlegenheit oder auch die Schwäche einer Herrscherpersönlichkeit, Liebe und Hingabe oder Verachtung und Mißtrauen des Beraters bannt die Ehrfurcht erzwingende sakrale Institution zuweilen so stark, daß der Wesir die Verantwortung für Mißerfolge trägt, damit das Herrschertum selbst und seine über allen Wechsel gleichbleibende göttliche Wesenheit und Kraft nicht geschädigt und angezweifelt werden. Der Herrscher ist eben der Koloß, neben dem die Menschen wie Zwerge erscheinen.

Gott setzt Herrschertum als dauernde Institution. In die Urzeit reichen darum die Dynastien zurück. Ihre Stammbäume beginnen mit einem Gott. Göttliches Blut fließt in ihren Adern. Oder der Gott zeugt selbst, der Königin beiwohnend, jeden neuen Erben. Eine Göttin nährt ihn an ihrer Brust, behütet ihn liebevoll auf allen Wegen, damit die Dauer der Herrschaft gesichert, die Dynastie alt werde. Gotteskindschaft von den Ahnen her oder aus erneuter Zeugung erhärtet die Legitimität, das Recht auf die Institution, das väterliche Eigentum. Und die Regierten nehmen dies als ein Stück der Weltordnung hin, solange die Verbundenheit mit dem Gott im Blut und in ihrem Werke spürbar ist.

Gott aber ruft auch, wenn die Tugend des Herrschers versagt, Wildheit, Wirrnis einkehren, Mißwachs, böse Zeichen die Störung der Weltordnung anzeigen, einen unbekannten Mann auf. Gott hat jenem seinen Schutz entzogen, diesen angekündigt als den, der die Ordnung mit starkem Arm wiederherstellt, das Recht einsetzt, die Wohlfahrt fördert, die Menschen glücklich macht und in allem das große Vorbild des Lebens wird, so daß sie ihn nachahmend sorglos und selbst gedeihend ihren Dingen nachgehen können. Eine Fülle von Mythen umgibt diese Männer von Sargons von Akkad Zeiten an. Sie umspinnen ihr frühes, unbekanntes, verborgenes Leben von der Empfängnis an, der Stunde der Geburt, in der eine neue Heilszeit beginnt, Zeichen, Sterne, Regungen seines frühentwickelten Geistes den kommenden Großen verraten. Sie begleiten seine Jugend und sein Mannestum bis zur Vollendung, der Heimkehr zu den Göttern, von denen er kam.

Vieles wäre davon zu berichten. Jeder aber kennt die zahllosen Denkmäler dieses Herrschertums, das in ihnen seine Größe und die Vielfalt seines Wirkens, sein Mittlertum zwischen Himmel und Erde, seine Menschlichkeit und seine Göttlichkeit zugleich zur Schau stellt. Dächte man dieses Herrschertum aus der Lebensform der altorientalischen Welt weg, es bliebe nicht viel.

Man kann es ruhig auch so sagen: Der Herrscher ist der echte Lebensgestalter in dieser Welt. Von dunkler Frühzeit an, wo die Horden wanderten und seßhaft wurden, von jener Zeit an, wo die ersten Kanalbauer die Arbeit am Boden organisierten, bis in die Zeiten größter Machtentfaltung und der Erstarrung ist er die Mitte des Lebens geblieben. Er wirkt aus den Kräften, die in ihm weben. Er kennt die großen Vorbilder der mythischen Zeit, die guten Herrscher; er muß die Geheimnisse der Natur kennen, und er ergründet immer tiefer die Traditionen seines Volks. Alles Wissen um das All, um die Vergangenheit, um die guten Kräfte seines Volkes sammelt er in sich, priesterliche Weisheit und Erfahrung, aber auch die reichen Schätze der Literatur, die in seiner »Bibliothek«, seinem »Archiv« zusammengetragen sind und ihm das Wissen der Vorzeit vermitteln. Mahnungen von Weisen, Fürstenspiegel, in denen die Erfahrungen der Väter niedergelegt sind, die stete Führung durch seinen Gott, mit dem er im Palast oder Heiligtum ständig Rat pflegen kann, die Deutungen der Priester vertiefen sein Denken über das Regiment und helfen ihm, die rechten Normen, den Einklang mit dem All, dem Willen der Götter zu finden. Gott, All, Vorwelt und die Kräfte des Volkes verdichten sich in ihm zu unheimlicher Stärke, die auf alle und alles magisch wirkt. Darum ist er der Herr aller »Tugenden«, nicht nur der Tauglichkeit zu allem den Menschenmassen Versagten, zu »politischen« Großtaten, sondern auch aller Lebensregelung überhaupt, der Gestalter des Lebens seines Reichs. Es ist unvorstellbar, daß der gute Herrscher ungerecht sei; er ist selbstlos, demütig und fromm, Gerechtigkeit, Milde und ruhig fester Gleichmut strahlen von ihm in alles Leben aus. Er ist darum der gütige Vater, der gerechte Richter der Armen und Reichen, der gleichmäßig ruhige Herr seines Hauses. Er hütet Eide und Verträge, Recht und Gesetz, er führt für seinen Gott und mit ihm den gerechten Krieg. Solange er im Einklang mit der göttlichen Kraft, mit der Ordnung des Alls lebt, schließt er alles Gegensätzliche aus. Er wäre sonst ein Tyrann, der aus Selbstsucht nach Macht und Herrschaft giert, grausam und maßlos in Tun und Lassen ist. Da des guten Herrschers Verhalten in Gott ruht, all sein Recht Gottesrecht ist, da er die Gesetze von Gott empfängt, ist jedes seiner Worte, ob es in einem Regierungsprogramm, in einem Gesetzeskodex, in einem Erlaß, einer Verfügung, einem Richtspruch kundgegeben wird, heiliges, göttliches Wort, das bindende Kraft auch für nachfolgende Geschlechter behält, Befehl, der den Ungehorsamen in den Tod reißt. Seine verantwortungsvolle Aufgabe ist die Vermittlung des Segens des Himmels an die Menschheit. Und je stärker seine Kraft wirkt, um so tiefer durchdringt sie seine Gefolgschaft, die Beamten, die Regierten, formt sie nach seinem Bild und fruchtet zu gutem Gelingen. Kein Bereich des Lebens ist seinem Wissen, seiner Allgegenwart, seiner Allmacht entzogen. Haupt der Religion, oberster Richter und Regent, Herr des Heeres, das den Frieden im Innern sichert und den Einbruch von Feinden abwehrt, an dessen Spitze er als gewaltiger Krieger den Siegeszug in weite Fernen, ins Barbarenland unternimmt. Der Feind von Lug und Trug und aller Ungerechtigkeit ist der Schützer aller Bedrängten, in Not Geratenen, der Dürftigen, der Witwen und Waisen. Er vernichtet alle Feinde des ruhigen Verkehrs und Handels. Er ist der große Bauherr, dessen Werke dem Ruhm der Götter dienen und den Namen des Mächtigsten der Erde verewigen. Sein eigenes Grabmal, an dem er zeitlebens baut, überdauert sein Leben für »Millionen von Jahren«. In den Himmel ragend wie die Spitze der Pyramide, ist er in allem die Spitze einer solchen Pyramide des Reiches, auf die der Himmel seinen Segen senkt, zu der die Kräfte von unten nach oben drängen. Wehe aber, wenn Unglück über das Reich und seine Völker kommt, der Friede gestört wird. Trägt er die Schuld, bricht die Strafe über ihn herein. Denn Gottes Gnade ist sichtbarlich von ihm gewichen. Die Gegenmittel der Unterdrückten, List, Tücke, Verschlagenheit und Wut, grenzenloser Haß und die Kunst geheimen Wühlens, der Palastintrige und des partikularistischen Aufstands, ewige Unruhe und Freiheitskriege toben sich aus; sie toben dann, wenn die Not, die aus dem Schwinden der göttlichen Kraft entstand, den Insassen des Reichs das Recht gibt, den Herrscher zu stürzen, seine Ordnungen zu zerstören. Es ist das Recht des Widerstands, den ein Einzelner oder auch eine kleine Gruppe oder gar ein Volk übt. Auch dieses Recht ist religiös gebunden.

Ein Dreiklang beherrscht die Geschichte Ägyptens, und ihm ordnen sich wie von selbst die großen Perioden mesopotamischer Geschichte zu. Was wir nach der Einigung Ägyptens (um 3000

v. Chr.) das Reich nennen, geht in 2000 Jahren zweimal zugrunde: am Ende des 3. Jahrtausends, gegen Ende des 18. Jahrhunderts. Jeder weiß, daß wir die drei Perioden, die so sich herausgliedern, das Alte, das Mittlere, das Neue Reich nennen. Jugend, Reife, Vollendung bis zur Erschöpfung, so kann man sie kurz charakterisieren. Staatlich gesehen ist es trotz des zweimaligen Zusammenbruchs die Entfaltung des Kerns bis zur weitesten Form, dem Weltreich des 16.—13. Jahrhunderts. Daneben steht Mesopotamien, das zuerst durch die partikularistische Welt der sumerischen Stadtfürstentümer bestimmt ist, bis im 27. Jahrhundert zuerst und jäh das Ausgreifen über den engeren Raum zur Weitung des Weltbilds und der Macht, zum ersten Weltreich führt, und der akkadische König Sargon dieses bis nach Ostkleinasien erstreckt. Vom Ende des 3. Jahrtausends bis zur Mitte des 18. Jahrhunderts dauert die Herrschaft der Amoriter von Babylon aus, die in der Zeit von der Dynastie der kassitischen Könige, der Führer des Bergvolks am östlichen Rand Mesopotamiens, abgelöst wird. Auch hier eine erste Periode der Jugend, die sogenannte klassische Zeit, die Überreife und Erschöpfung. Der gleiche Rhythmus erstreckt sich auf die Umwelt, Kreta, Ostkleinasien. Schon darum ist es ein eigentümlicher Vorgang, — aber er ist nicht einmal auf diese Gebiete beschränkt. In der ersten Periode verlagern sich die Kulturen und festigen sich in ihrem Raum. Leise beginnt hier und stärker dauert in der zweiten die Annäherung durch die sie trennenden Zwischenräume. Am Ende dieses Zeitraums aber treten Störungen ein, die durch Einbrüche von außen hervorgerufen wurden, in Ägypten, wo die wohl semitischen Hyksos erscheinen, in Mesopotamien, wo die Hethiter vom Norden, die Kassiter vom Osten her eindrangen, in Kleinasien aber, wo die indogermanischen Hethiter, in Griechenland, wo die »Achäer« erschienen. Die Hyksos beherrschen einen Teil Ägyptens mit Palästina. Die Kassiter gewinnen die Herrschaft über Mesopotamien. Die Hethiter errichten ein eigenes Reich in Ostkleinasien, das einige Zeit später wieder im Dunkel verschwindet. Andere indogermanische Gruppen beherrschen Nordwestmesopotamien, Mitanni. Die Achäer breiten sich in Griechenland aus. Seit 1580 beginnt die Offensive Ägyptens gegen die Fremden, und der Aufstieg zur neuen Reichseinigung führt zur Entfaltung der Macht über die Grenzen, zur Begründung des Weltreichs. Thutmose III. wird der Herr dieses Reichs, Ägyptens größter König. Um Ägypten und auf diese stärkste Macht sich beziehend, reihen sich die anderen Staaten. Die Räume wachsen zusammen, Internationalität nähert die Völker und ihre Herrscher. Am Nordrand des Weltreichs, in Griechenland, Kleinasien, Nordmesopotamien dauern kleine oder erheben sich größere Reichsbildungen wie das neue Hethiterreich. In dem Maß, wie die Kraft des ägyptischen Herrenvolks sich verzehrte, erstarkten vor allem die Hethiter, die schon im 15. Jahrhundert eine bedrohliche Macht wurden. Schließlich verlor Ägypten immer mehr von seinem provinzialen Besitztum. Völlig erschöpft nach dem Verlust der letzten Landschaften schlug es mit Mühe die Scharen, die, vor neuen Völkern aus dem Norden weichend, aus dem ägäisch-westkleinasiatischen Gebiet abgezogen waren, vor seinen eigenen Toren ab. In der Mitte des 12. Jahrhunderts ist Ägypten auf die Oasenlandschaft beschränkt, sein Leben durch den Kampf der Priester und Soldaten um den Thron zerwühlt, zerrissen, in Erstarrung. Das Hethiterreich ist schon um 1200 untergegangen. Die Kassiterdynastie ist gefallen. Neue Mächte drängen vorwärts.

Nach allem, was wir jetzt wissen, können wir sagen, daß die gewaltigen Wanderungen und Völkerverschiebungen, die sich im zweiten Jahrtausend vollzogen, von unabsehbarer weltgeschichtlicher Wirkung und Bedeutung waren. Auf dem Kreisbogen, der von der Nordsee über die Längszüge der europäisch-asiatischen Gebirge schwingt, nach allen Seiten vorwärtsflutend, sind in diesem zweiten Jahrtausend nordische Völker in die Welt des Südens eingedrungen, um dort seßhaft zu werden. Nicht auf einmal, sondern in ewig erneuerten Stößen; ein fast tausendjähriges Ringen. Indogermanische Gruppen setzten sich in Ostfrankreich und Italien fest, in Griechenland und Kleinasien, Indoariern wurden Nordsyrien und Nordmesopotamien untertan. Turkestan wurde von einer indogermanischen Gruppe erreicht. Iran, Nordwestindien gewannen sie in der zweiten Hälfte des Jahrtausends.

Kein Land des Alten Orients wurde also unerschüttert gelassen; selbst das von den Hyksos heimgesuchte Ägypten entfesselte die Kräfte der Gegenwehr unter diesem Druck und erst nach anderthalb Jahrhunderten der Fremdherrschaft. Die Nordischen brachten neue Ansichten über Götter und Welt, neue Mittel der Kriegführung, setzten ihren Drang und kriegerische Kraft ein, waren ein Moment der Bewegung in der statischen Welt. Ich kann Ihnen hier die Wechselwirkung zwischen diesen Kräften nicht mehr schildern: Ihre Entfesselung zeitigte höchste Intensität und weiteste Unternehmung, die großen Formen des Reichs und des Lebens. Die Söhne des Nordens aber verwuchsen mit dem Boden. Die indogermanische Oberschicht des Hethiterreichs war bald nicht mehr als solche zu erkennen. Sein Heerkönigtum wurde Großkönigtum, wie es überall im Süden sich bot. Die Sprachen, die Sitten, die Götter veränderten ihr Wesen, ihren Ausdruck unter der Gegenwirkung der besiegten Massen. Es waren schwere Opfer, die der Norden für die Welt brachte.

Aber diese Opfer waren nicht wirkungslos. Ist die Geschichte des 1. Jahrtausends denkbar ohne das, was als Unruhe, Bewegung, Störung der statischen Welt im zweiten sich vollzog? Diese trat zurück in Ägypten, fast auch in Babylonien. Einzig Assyrien entfaltete noch einmal die Weltreichskraft der Alten Welt für zwei Jahrhunderte. Es vereinigte die Länder, die einst Reiche gebildet hatten, es faßte die vorderasiatisch-ägyptische Welt der älteren Zeit fast ganz zur Einheit zusammen und wurde dadurch die Zwischenstufe zwischen den alten und neuen Gebilden, Beweis für die immer weiter wachsende Weitung des Welthorizonts. Inzwischen stiegen im Osten Iran, im Westen das Griechentum empor. Zarathustra und Homer waren die neuen geistigen Sterne. Im 6. Jahrhundert, zwei Generationen nach Assurs Fall, nach der Eroberung des medischen Reichs, das jenes abgelöst hatte, trat die persische Macht als Großmacht auf. Persien, dessen König über die Länder von Westkleinasien und Oberägypten bis an den Indus gebot, begann als Weltmacht von riesigem Ausmaß den Kampf mit dem Griechentum in Europa und umgriff die gesamten Bereiche der alten Hochkulturwelt. Es war eine arische Macht. Auch sie freilich unterlag der Gegenwirkung. Und Salamis entschied über das Schicksal Europas. Und seitdem wiederholt sich noch oft genug dieses Ringen zwischen Altem und Jungem, Mensch und Raum, Asien und Europa, südlicher und nördlicher Kraft.

Der Schauplatz der altorientalischen Welt ist ein Friedhof der Kulturen. Das Geschichte der Jahrtausende ist die Geschichte. Gibt es irgendein Gebild, das nur auf die oberste Schicht aufgepflanzt war? Wirkten nicht die Kräfte des ganzen Geschichtes, des Raums, der Umwelt auf jede neue Schicht mit elementarer Gewalt? Alles bestimmt ewig alles Leben. Urmythos und Urkraft sind im Jüngsten gegenwärtig. Wer dieser Erkenntnis sich versperrt, den verweise ich auf das Zeugnis des tiefsinnigen Robakidse, der die Seele seiner georgischen Heimat, der Stämme des entlegenen Kaukasus uns entschleiert hat als einer der wenigen, die so umfassend und tief in unserer Sprache zu uns über orientalisches Wesen reden. Erbgut und Raum kämpfen in diesen Landen der Buntheit und Nüchternheit ewig den stillen und scharfen Kampf. Alter und Jugend wohnen bluteins geworden zusammen. Uralter und ewige Jugend sind da eins.

Wir sind wieder jung geworden. Öffnen wir uns dem gewaltigen Vorgang der Verjüngung Asiens, der sich in unserer Gegenwart vollzieht? Wer die arische Weltgeschichte schreiben will, muß das alte Asien, den ALTEN ORIENT kennen.

DER NEUERE ORIENT

VON

HANS HEINRICH SCHAEDER

19. November 1934

Wir werden das Wort Orient nicht in einem unbestimmten, nur geographischen Sinne fassen, sondern in dem bestimmten Sinne, der eine Geschichte von zweieinhalb Jahrtausenden ausdrückt — zumal in dem Sinne, in dem der Begriff des Orients durch den Gegenbegriff des Okzidents bestimmt wird. Wir werden es mit der Gemeinsamkeit und dem Gegensatz, der concordia discors, von Orient und Okzident zu tun haben und werden damit eine Entwicklung ins Auge fassen, die mit Alexander dem Großen einsetzt und in unseren Tagen einen Wendepunkt erreicht — anders als der allgemeinere Gegensatz Europa—Asien, der erst eine Tatsache der modernen Weltpolitik ist. Diese Beziehung von Orient und Okzident gibt es erst, seitdem es zwischen diesen beiden Bereichen einerseits eine Gemeinsamkeit der geistigen Grundlagen und der Kultur, anderseits eine Gegensätzlichkeit der Machtbildung und Machtentfaltung gibt: diese Einheitlichkeit und dieser Gegensatz sind durch das Eroberungswerk Alexanders des Großen und durch den Aufbau des römischen Imperiums geschaffen worden. Das Nebeneinander von Gemeinsamkeit und Auseinanderstreben, das die Geschichte Europas und Vorderasiens ausmacht, fassen wir ins Auge [1].

König Dareios rühmt sich in einer Inschrift, die in den letzten Jahren in mehreren Stücken zutage getreten ist [2], daß er das Reich von den Saken jenseits von Sogd bis Kusch, von Hindu bis Sparda — d. i. vom Jaxartes bis nach Nubien, vom Indus bis nach Lydien — in Händen halte. Indem er diesem ersten Weltreich einen festen Herrschafts- und Verwaltungszusammenhang gab, in ihm die uralten Wege des Verkehrs und Austauschs materieller und geistiger Güter sicherte und neue anbahnte, bereitete er die kulturelle Angleichung zwischen den Völkern seines Reiches vor. Die Erfüllung fiel dem makedonischen Eroberer und seinen Nachfolgern zu, die als Träger griechischer Kultur den vorderen Orient mit einem Netz städtischer Siedlungen griechischen Gepräges überzogen.

Der Zerfall von Alexanders Reich kurz nach seinem Tode in die einzelnen Diadochenstaaten hob deren kulturellen Zusammenhang nicht auf. Um die Mitte des 3. Jahrhunderts löste sich vom seleukidischen Reich im fernsten Osten das griechische Reich von Baktrien ab, während sich gleichzeitig zwischen diese Neubildung und die Hauptländer der Seleukiden, Mesopotamien und Syrien, der neue parthische Staat der Arsakiden schob. Wie stark die werbende Kraft des Hellenismus im Osten war, zeigt sich in der Hingabe dieses Herrscherhauses an die griechischen Formen der Herrschaftsführung und des höfischen Lebens. Das haben die Ausgrabungen der letzten zehn Jahre in den babylonischen Städten der Partherzeit gezeigt; neuerdings sind sogar an der Stätte der alten Achämenidenresidenz, in Persepolis, griechische Inschriften lokaler Fürsten der frühparthischen Periode entdeckt worden [3].

Die Hellenisierung des Ostens bedeutete die Einbürgerung griechischen Lebens in den von Alexander und seinen Nachfolgern geschaffenen städtischen Gründungen. Diese Städte waren die natürlichen Sammel- und Ausstrahlungspunkte kulturellen Lebens; griechische Stadtverfassung und Verwaltung, die Tätigkeit griechischer Lehrer und Rhetoren, vor allem das Gymnasion und vielfach auch das Theater gaben ihnen das Gepräge. Aber mochten diese Wandlungen das Leben bunter, aufregender, interessanter machen, mochten sie neue Möglichkeiten des Genusses und der Zerstreuung schaffen, neue Menschen oder einen sittlichen Fortschritt schufen sie nicht. Im Gegenteil: im ganzen Orient ist die unmittelbare Wirkung der Hellenisierung vorwiegend eine negative, zersetzende. Die einheimischen, ererbten

Kulturen werden in ihrem Lebensnerv getroffen und schwinden dahin. Auf babylonischem Boden war zwar schon Jahrhunderte vor dem Alexanderzug das babylonische Volkstum vom aramäischen aufgesogen worden. Aber erst der Hellenismus ist es gewesen, der die uralte einheimische Kultur zu einem versteinerten Scheinleben verurteilte, um sie dann um die Wende unserer Zeitrechnung spurlos und folgenlos verschwinden zu lassen — nachdem eine Hauptleistung des babylonischen Denkens, die Ableitung einer universalen Weltansicht aus der Beziehung des irdischen Geschehens zu den Gestirnen, vom hellenistischen Denken selber aufgenommen und in den Ländern des Hellenismus Gemeingut der religiösen Spekulation geworden war. Daß auch in Persien die hellenistische Periode einen kaum zu überbrückenden Bruch in der kulturellen Kontinuität bedeutet hat, zeigt die Kultur der auf die Parther folgenden Sassaniden, die sich in bewußter Reaktion gegen den Hellenismus richten, ohne ihn doch wirklich überwinden zu können und ohne aus den kaum mehr verstandenen Resten alteinheimischer Überlieferung einen wirklichen geistigen Neubau aufführen zu können.

Die zersetzende Wirkung, die dem hellenistischen Denken innewohnt, rührt aus seiner grundsätzlich aufklärerischen, den Menschen auf sich selber stellenden Tendenz her. Es war ja nicht die klassische Form griechischen Denkens und Lebens, die sich der Welt mitteilte, sondern eine durch schwere Krisen entwurzelte und aufgelockerte Geistigkeit, deren positiver Gehalt nur der sich aneignen konnte, der stark genug war, um nicht von ihren gefährlichen Beimischungen vergiftet zu werden. Nur dem konnte die Begegnung mit dem Griechentum gedeihlich werden, der sich nicht darin verlor, sondern sich aus der Hingabe an das griechische Wesen gestärkt zurückgewann — dessen Blick rein und fest genug war, um durch das nur Griechische hindurch das Menschliche zu gewahren. Von solchen Begegnungen wissen wir aus dem Orient nichts. Ein Mann wie der Syrer Poseidonios von Apamea, der in der Geschichte des griechischen Denkens und der griechischen Wissenschaft Epoche machte, ward zum Griechen und ging seinem Volkstum verloren, ohne auf dessen Bildung zu wirken: hätten wir nur die orientalische Überlieferung, wir kennten seinen Namen nicht.

Das Jahr 129 v. Chr. hat in der vorderasiatischen Geschichte epochale Bedeutung: in diesem Jahre scheiterte der letzte groß angelegte Versuch der Seleukiden, die parthische Herrschaft zurückzudrängen und zu brechen. Die siegreichen Arsakiden entrissen ihrem Gegner, der nun auf Syrien beschränkt wurde, außer Persien auch Babylonien und Mesopotamien und richteten damit eine politische Grenze auf, die durch 750 Jahre aufrechterhalten wurde. Die Parther und ihre sassanidischen Nachfolger kämpften um sie mit Römern und Romäern, bis die arabische Eroberung im 7. Jahrhundert sie niederlegte und für weitere 850 Jahre verschwinden ließ: um 1500 wurde sie als Grenze zwischen dem neupersischen Staat der Safawiden und den Osmanen erneuert. Aber sie war und blieb politischer Natur und hat den kulturellen Zusammenhang der östlichen Gebiete mit dem Mittelmeerkreis nicht mehr durchschneiden können.

In eben dem Jahr 129 trat an der Ostgrenze von Iran, in der Landschaft, die im N[illegible] den weitest vorgeschobenen Punkt des Alexanderzuges bezeichnete und in der aus Alexanders Erbe das griechisch-baktrische Reich sich erhalten hatte, in vorübergehende Berührung mit dem Vorposten der hellenistischen Welt ein Träger der einzigen Kultur, die an Durchgeformtheit und Einheitlichkeit der griechischen vergleichbar ist: der konfuzianischen Kultur Chinas. Das war Tschang K'ien, der Abgesandte des Kaisers Wu ti von der Han-Dynastie, der in diesem Jahre der Gefangenschaft der Hunnen entrann und ins Oxusgebiet und nach Baktrien gelangte. Kurz zuvor waren diese Länder von zentralasiatischen Barbaren überrannt und den Herrschern griechischen Geblüts entrissen worden. Aber noch lebte in den zahlreichen blühenden und reichbesiedelten Städten, von denen Tschang K'ien spricht, griechische Überlieferung: und wenn er selber es auch nicht bemerkt hat — es ist sicher, daß griechische Laute an sein Ohr gedrungen sind. Die chinesische Geschichtschreibung bringt mit seiner Reise die Einführung der Weinrebe in China in Zusammenhang [4]; die Weintraube hat im Chinesischen einen Namen, der aus dem Griechischen abgeleitet wird: *p'u-t'ao* aus griechisch βότρυς. Aber zu einem inneren Erfassen der hellenistischen Kultur, auf die er traf, kam es bei Tschang K'ien nicht: dafür war das Selbstbewußtsein des Angehörigen der konfuzianischen Kultur in ihm bereits zu stark. Und so hat denn auch die unerhörte Kunde von den westlichen Kulturländern, die er seinen Landsleuten heimbrachte, das konfuzianische Weltbild in seiner Selbstgenügsamkeit nicht mehr stören können [5]. Hier entschied es sich zum ersten Male, daß die Reichweite der hellenistischen Kultur an den Grenzen Irans ihr Ende findet. Zwar hat es seit dieser Zeit Übertragungen von Kulturgütern von Westen nach Osten und von Osten nach Westen immer wieder gegeben. Die im griechisch-baktrischen Reich entstandene Gandhara-Kunst, die nach Ostasien hin stilbildend gewirkt hat [6], ist ein so markantes Beispiel dafür wie der Import westländischer Kultur in die Hauptstädte der T'ang (seit 618 n. Chr.) [7] und wiederum sechshundert Jahre später die nicht minder starke Rückwirkung der chinesischen auf die persische Kunst. Aber zu einem gegenseitigen Verstehen, zu einer Symbiose der Kulturen diesseits und jenseits der zentralasiatischen Gebirge ist es nicht gekommen.

Wir versetzen uns in den Westen. In dem Jahre 129, von dem aus wir uns orientieren, starb in Rom ein Mann, dem es vorbildlich gelungen war, durch die Begegnung mit dem Griechentum zu sich selber zu finden und erst eigentlich zum Römer zu werden. Er kann als die größte Eroberung gelten, die das Griechentum in diesem Jahrhundert gemacht hat. Es ist der jüngere Scipio, der Bezwinger Karthagos und Numantias, der Schüler und Freund des Griechen Polybios, des Mannes, der in klarer Anschauung der Dinge den Römern als Erster ihre politische Mission in der Welt gedeutet hat. Das Eindringen hellenistischen Wesens hatte sich in Rom im 3./2. Jahrhundert in der gleichen bedenklichen Weise vollzogen wie im Orient. Im alten Cato war den Römern ein zürnender Mahner vor den Gefahren griechischen Wesens erstanden. Aber durch Scipio und seinen Kreis wurde die Entwicklung ins Positive gewendet, wurden die sittlich-erzieherischen Kräfte der griechischen Bildung in lebendige Wirksamkeit übergeführt, sodaß sie in dem folgenden Jahrhundert der Revolutionen und des Untergangs der Republik nicht mehr gebrochen werden konnten. Was Scipio und in Anknüpfung an ihn Cicero für die römische Bildung gewonnen haben [8], gilt der abendländischen Bildung bis zum heutigen Tag. Rom und damit der Westen der Mittelmeerwelt ist in den Kreis griechischer Kultur einbezogen, aber auf einer neuen Stufe, die der Orient nicht erreicht hat.

Jedoch die stärkste und folgenreichste kulturelle Verflechtung des Orients mit dem Abendland wird seit dem ersten Jahrhundert unserer Zeitrechnung dadurch herbeigeführt, daß eine rein orientalische Religion auf dem Wege über Rom vom Abendland angeeignet und zur Grundlage seiner ganzen weiteren geistigen und sittlichen Entwicklung wird. Das ist nun die orientalische Religion, deren Vorgeschichte und deren Ursprünge vom Hellenismus so gut wie unberührt geblieben sind. Denn das Christentum ist seinem Ursprung nach die höchste Steigerung und damit die Selbstüberwindung des Spätjudentums, das sich seit dem 2. vorchristlichen Jahrhundert in seinen maßgebenden Kreisen bewußt und erfolgreich von der Hellenisierung abgesperrt und auf seine eigene Überlieferung zurückgezogen hat. Nichts ist nachdenklicher als die Tatsache, daß das Christentum römischer Prägung mit welterobernder Kraft nach dem Westen vorgedrungen ist und die aus der Auflösung des römischen Reiches hervorgehenden germanisch-romanischen Völker ergriffen und geformt hat — während das vom orientalischen Hellenismus durchdrungene Christentum in seiner vorderasiatischen Heimat nach den großen Missionserfolgen der ersten Jahrhunderte sich in stetig absteigender Linie bewegt hat, sowohl seiner äußeren Bedeutung wie seinem Gehalt nach, bis zu seinem Untergang in unseren Tagen [9]. Wir haben den klassischen Fall dafür vor Augen, wie sich ein schlichter orientalischer Mensch von aufrichtigem religiösem Ernst mit diesem Christentum abfand und was er für sich daraus machte: das ist der Prophet Muhammed. Seine Predigt ist ihrem Gehalt und ihren Formen nach zum guten Teil aus ernsthafter Auseinandersetzung mit orientalischem Christentum hervorgegangen — damit ist der Vorgang richtiger bezeichnet, als wenn man von christlichen 'Einflüssen' bei ihm spricht. Der Islam ist, seinem religiösen Gehalt nach, die Stufe der Vereinfachung des Christentums, die dem auf sich selber gestellten Orient gemäß war. Und darin ist eigentlich die Erklärung für den ungeheuren Erfolg der islamischen Verkündigung im Orient zu suchen, der aus der Erbitterung der Orientalen über das oströmische Regiment und den Waffenerfolgen der Araber allein schwerlich herzuleiten ist.

Wir versetzen uns in die Mitte des 8. Jh. unserer Zeitrechnung. Das ganze von Alexander gewonnene Weltreich mit Ausnahme Anatoliens und Griechenlands, dafür aber im Westen um ganz Nordafrika und Spanien erweitert, ist wieder politisch in einer Hand. Herren sind die Kalifen von Damaskus, die Gründer des arabischen Reiches, denen die Herrschaft eben jetzt aus den Händen sinkt, um an die Abbasiden in Bagdad überzugehen. Damit rückt das Zentrum der islamischen Welt an den Punkt, wo sich das Zentrum der Herrschaft Alexanders im Osten und seiner Nachfolger bis zu den Sassaniden hin befunden hatte. Die arabische Eroberung hat um diese Zeit gegenüber dem Abendland im Westen die nicht mehr zu überschreitende Grenze erreicht, dafür aber im Osten einen neuerlichen und bedeutsamen Vorstoß gemacht. Im Westen ist der Angriff auf das Frankenreich abgeschlagen und das Arabertum über die Pyrenäen zurückgewiesen. Schon einige Jahre vorher hat die mit äußerstem Krafteinsatz in Angriff genommene Belagerung von Konstantinopel ergebnislos abgebrochen werden müssen (718). Damit ist die östliche und die westliche Christenheit gerettet, ist die Kulturmission der Franken in der germanisch-romanischen, die nicht minder bedeutsame der Oströmer in der slavischen Völkerwelt gesichert. Im fernen Osten aber ist das nordostiranische Kulturland, das Gebiet des einstigen griechisch-baktrischen Reiches, das inzwischen durch Jahrhunderte dem Zugriff nördlicher Nomaden ausgesetzt war, fest und für alle Zeit dem Bereich des Islams angegliedert worden [10].

In dem ganzen riesigen Bereich von Spanien bis Transoxanien wird nun die islamische Gemeinkultur geschaffen, deren beide Grundelemente die Verkündigung Muhammeds und das hellenistische Erbe sind, wie es von Ägypten bis Iran, landschaftlich differenziert und doch im Wesen einheitlich, sich erhalten hatte. Die Aufnahme der hellenistischen Überlieferung, die von den Abbasiden zumal seit dem Beginn des 9. Jh. bewußt und großzügig in die Wege geleitet wird, kommt einerseits den profanen Wissenschaften zugute, auf deren Gebieten die Muslime in den drei großen Jahrhunderten ihrer Kultur, zwischen 800 und 1100, die Leistung der Spätantike sich nicht nur sachgemäß aneignen, sondern sie vielfach ausbauen und überbieten, um dadurch während dieser Zeit einen beträchtlichen Vorsprung vor der zeitgenössischen abendländischen, ja selbst in mancher Hinsicht vor der byzantinischen Bildung zu gewinnen. Auf demselben Boden aber faßt, nach vergeblichem Widerstreben der traditionsgebundenen Kreise, auch die islamische Theologie Wurzel. Gleich der mittelalterlich-christlichen Theologie richtet sie sich in der Hauptsache auf das eine Problem der Ausgleichung zwischen Vernunft und Offenbarung und sucht es mit den Mitteln griechischer Logik und Dialektik zu lösen. Der Intensität des geistigen Lebens entspricht eine Bereicherung und Verfeinerung der materiellen Kultur, die im 11./12. Jh. auf die abendländischen Kreuzfahrer einen gewaltigen Eindruck macht und zur Auflockerung der religiös gebundenen abendländischen Lebenshaltung in erheblichem Maß beiträgt.

Daß auch Ostiran seine Zugehörigkeit zur hellenistischen Kultursphäre nicht aufgegeben hatte, wird dadurch bezeugt, daß dies Land sich auf die Dauer für die Religionen des Westens ebenso empfänglich wie für die des Ostens unempfänglich zeigte. Der Buddhismus, der in den ersten nachchristlichen Jahrhunderten im Lande blühte und dessen Literatur in zwei ostiranische Sprachen übersetzt wurde, den noch der chinesische Pilger Hüan-tsang um 630 zwar nicht mehr in Transoxanien, wohl aber nach Überschreitung des Oxus in Baktrien am Leben fand, ist, allem Anschein nach ohne Eingreifen äußerer Gewalt, in frühislamischer Zeit spurlos verschwunden. Dagegen trugen die christliche und die manichäische Mission hier anhaltendere Erfolge davon, um vom Islam erst in Jahrhunderte langer Entwicklung aufgesogen zu werden. Von Ostiran aus hat sich der Islam dann über Westturkestan bis tief nach Sibirien und Ostturkestan hinein ausbreiten können.

Um 750 findet eine flüchtige Berührung zwischen den ostwärts vordringenden Arabern und Chinesen statt, die eine kulturelle Gemeinschaft so wenig zur Folge hat wie seinerzeit der Besuch des Tschang K'ien in Baktrien. Gleichzeitig mit dem Machtaufstieg der Araber, der Vorderasien umgestaltete, hatte sich in China das Reich der T'ang erhoben, deren Herrschaft den politischen und kulturellen Höhepunkt der chinesischen Geschichte im Mittelalter bedeutete. Die T'ang-Kaiser, bei denen die aus Iran flüchtigen Nachkommen des letzten Sassaniden Aufnahme und Anerkennung gefunden hatten, übernahmen das Protektorat über die von den Arabern bedrohten lokalen Fürsten in Ostiran und Transoxanien. Ein chinesisches Heer traf 751 bei Talas im Norden des Syr-darja (Jaxartes) auf ein arabisches und wurde vernichtend geschlagen. Immerhin hatte diese kriegerische Begegnung friedliche Auswirkungen. Chinesische Gefangene führten, wie bekannt, erstmalig in die islamische Welt das Geheimnis der Papierbereitung und andere Künste ein [11]; und einer dieser Gefangenen, Tu Huan mit Namen, der elf Jahre später zur See in seine Heimat zurückkehren konnte, hat seinen Landsleuten mancherlei neue und gute Nachrichten über die Westländer gebracht [12]. Aber die geistige Grenze zwischen dem islamischen Orient und Ostasien blieb so fest, wie sie vorher gewesen war.

Die Blüte der geistigen Kultur, zu der die islamische Welt sich im 11./12. Jh. erhoben hatte, weicht im Osten im 12. Jh. einem raschen Niedergang, der zum guten Teil in der Kulturpolitik des Seldschukenstaates begründet ist, nämlich in der von ihm bewußt geübten Zurückdrängung des freien geistigen Schaffens zugunsten staatlicher Reglementierung und Überwachung des geistigen, insbesondere des religiösen Lebens. Von den Seldschuken haben in dieser Hinsicht sowohl die Mamluken in Ägypten wie später die Osmanen gelernt [13]. Im maurischen Spanien hält sich das geistige Niveau länger als im Osten. Die bedenklichste Begleiterscheinung dieses Niederganges ist die Ablösung der Theorie vom wirklichen Leben. Die Wissenschaft verliert den Charakter ernster und verantwortungsbewußter Forschung, sie wird Stoffhuberei und unselbständige Enzyklopädistik; die Theologie ebenso wie die Beschäftigung mit dem kanonischen Recht und die Mystik werden unverbindliches gedankliches Spiel und formen nicht mehr das Leben. Ein Literatentum schießt ins Kraut, das über alles zu reden weiß und nichts zu sagen hat.

Die stärkste politische Erschütterung, die je über Asien hingegangen ist, der Mongolensturm unter Tschingischan zu Beginn des 13. Jh., hat diese absteigende Entwicklung im Orient gefördert: hervorgerufen hat er sie nicht. Immerhin ist der Schock ungeheuer, den die mongolische Eroberung, übergewaltig und sinnlos wie eine Naturkatastrophe, den islamischen Völkern versetzt. Zum Stehen kommt sie erst an den Grenzen Ägyptens und in Anatolien. Wie in dieser Zeit, nach dem Ausgang des Kreuzzugsalters, das Gefühl jeglicher Solidarität mit dem Orient im christlichen Abendland geschwunden ist, wird durch das Verhalten der abendländischen Mächte zu den Mongolen beleuchtet. Die Mongolen hatten Rußland erobert, sie waren bis nach Polen, nach Schlesien, nach Böhmen und Ungarn gedrungen, ja ein einzelner Vorstoß hatte sie bis zur Adria geführt. Aber kaum war die Flut ein wenig zurückgeebbt, so suchten die Päpste und der französische König die Mongolen für die christliche Mission und damit für ein Bündnis gegen den gemeinsamen Feind, die Muslime, zu gewinnen. Dazu ermutigte die Nachricht, daß in das mongolische Herrscherhaus durch Heirat türkische Prinzessinnen christlichen Bekenntnisses gekommen waren — wie denn tatsächlich die Mutter und die Gattin des auch von den orientalischen Christen gefeierten Hulagu, des Enkels Tschingischans, der Bagdad zerstörte und dem abbasidischen Kalifat den Garaus machte, Christinnen aus dem osttürkischen Stamm der Keräit waren [14].

Schon im 12. Jh. war ins Abendland das Gerücht von einem großen christlichen Reich in Zentralasien unter der Herrschaft des 'Presbyter Johannes' gedrungen. Jahrhunderte lang hat es nicht aufgehört, die abendländische Phantasie zu beschäftigen [15]. Es hat einen nicht unerheblichen Anteil an der Einleitung des Zeitalters der Entdeckungen: das hat Leopold Ranke in dem fünfzehnten seiner Vorträge über die Epochen der neueren Geschichte hervorgehoben. Die Spanier und Portugiesen, die im Ausgang des 15. Jh. im Endkampf mit den Mauren standen, suchten nach Verbündeten gegen diesen Gegner. Kolumbus glaubte, er würde, wenn er immer nach Westen segelte, schließlich nach dem Lande Cathay kommen, von wo aus man die Muhammedaner besser werde bekämpfen können. Als er auf den Antillen landete, hoffte er, dort Gold und Silber für diesen Kampf und für die Eroberung des Heiligen Landes zu finden. Noch auf seine letzte Fahrt (1502) nahm er daher einen arabischen Dolmetscher mit. Ebenso machte sich Vasco da Gama zur Umsegelung Afrikas auf, um das Reich des Presbyter Johannes zu finden, das man in dieser Zeit nicht mehr in Zentralasien, sondern in Westafrika, und zwar im christlichen Abessinien suchte, jedenfalls auch jenseits der islamischen Welt.

Was die Portugiesen und durch sie das Abendland mit der Entdeckung des Seeweges nach Indien gewannen, das war nun allerdings die Möglichkeit, den muslimischen Orient zu umgehen. Dies wirkte sich nicht, wie man zunächst hoffte, durch die Gewinnung politisch-militärischer Bündnisse, um so stärker aber in wirtschaftlicher Hinsicht aus. Das wirtschaftliche Gedeihen des islamischen Orients, zumal Ägyptens, hatte im späteren Mittelalter zum größten Teil an dem Übergangshandel mit den von Europa begehrten Gütern des fernen Ostens, vor allem Indiens und der malaiischen Inseln gehangen. Die wirtschaftliche und psychologische Auswirkung des plötzlichen Verlustes dieser Monopolstellung auf die islamischen Völker war außerordentlich. Seit dem Beginn des Entdeckungszeitalters verarmen sie fortschreitend. Und diese Entwicklung wird dadurch beschleunigt, daß es den Europäern und ihrer wirtschaftlichen Energie zunehmend gelingt, nun ihrerseits dem Orient die Einfuhr von Gütern aller Art aufzuzwingen.

Zweieinhalb Jahrhunderte trennen die Gewinnung des Seeweges nach Amerika und Indien von dem Sieg der Ostindischen Gesellschaft unter Robert Clive in Indien (Plassey 1757). Dadurch ist die britische Herrschaft in Indien gesichert und ein Grundstein zum britischen Weltreich gelegt. Und das bedeutet den Auftakt der Entwicklung, durch die der Orient zum Ziel des politischen und wirtschaftlichen Imperialismus der europäischen Mächte wird, wobei in England der Exponent des welterobernden Europäertums ersteht. Diese Entwicklung tritt in ihr akutes Stadium seit der Zeit, da der russische Zarismus in seinem Vordringen auf Konstantinopel und die Meerengen, auf Persien und Zentralasien zur Gefahr für die britische Stellung in Indien und die Sicherung des Weges dahin wird. Sie erreicht ihren Höhepunkt gegen Ende des Weltkrieges, als nach dem Ausscheiden Rußlands England vorübergehend die Erfüllung seiner kühnsten Hoffnungen vor Augen sieht, und erfährt dann durch die beginnende Emanzipation des Orients eine ebenso unerwartete wie tiefgehende Wendung, in der wir mitten drin stehen. Wir wenden uns dieser neuesten Periode zu.

Während der beiden letzten Kriegsjahre, als die Entente ihres Sieges über die Türkei bereits sicher war, waren durch Geheimabkommen die Provinzen des osmanischen Reiches provisorisch verteilt worden — wobei man aus propagandistischen Gründen den christlichen Armeniern Hoffnungen auf die Aufrichtung eines eigenen nationalen Staates im östlichen Anatolien, den zionistischen Juden auf Gewährung einer nationalen Heimstätte in Palästina machte. Als das zaristische Rußland zusammenbrach und die bolschewistische Revolution den russischen Imperialismus im Orient liquidierte, war England von der Sorge um die Regelung der Meerengenfrage befreit und zugleich in die Lage versetzt, die seit 1907 vollzogene Aufteilung Persiens in zwei Interessensphären durch eine Besetzung des Landes vom Persischen Golf bis zum Kaspischen Meer zu ersetzen. Ägypten war seit der Erklärung des britischen Protektorats bei Kriegsausbruch fest in englischer Hand. Drei der vom osmanischen

Reich losgerissenen arabischen Gebiete, Palästina, Transjordanien und Irak waren für britische Mandate in Aussicht genommen. Der zum König des Hedschas erhobene, dann als König der Araber proklamierte Scherif von Mekka, Husain, konnte als englischer Vasall gelten. Seinen Sohn Faisal hatte England in Damaskus eingesetzt. Der Friedensvertrag von Sèvres, der von der Türkei nicht mehr als einen nichtigen Zwergstaat im Inneren Anatoliens zurücklassen sollte, war in Vorbereitung.

Gehen wir sechs Jahre weiter bis zum Ende des Jahres 1925, so hat sich das Bild vollkommen geändert. 1922 hat England sich veranlaßt gefunden, die formale Unabhängigkeit Ägyptens anzuerkennen und das Protektorat aufzuheben. In Mekka herrscht der Fürst der Wahhabiten, Ibn Saʿud, als Herr fast der ganzen arabischen Halbinsel. Faisal ist von den Franzosen aus ihrem syrischen Mandatsgebiet entfernt und von England als König des Irak eingesetzt worden. Persien ist von jeder fremden Besetzung frei und hat soeben seinen nationalen Befreier, Riza Schah Pahlavi, auf den Thron erhoben. Und vor allem: der Vertrag von Sèvres ist vergessen und zunichte; er ist durch den Frieden von Lausanne abgelöst, in dem die neue Türkei alle ihre wesentlichen Forderungen durchgesetzt hat. Sie hat außer Konstantinopel und seiner Umgebung ganz Anatolien, stellenweise sogar über die Grenzen von 1914 hinaus, fest in der Hand; das türkische Volk ist in Stand gesetzt, sich auf eigenem Grund und Boden ohne Eingriff der europäischen Mächte sein Haus neu aufzubauen. Nur im Irak, das erst 1932 seine Souveränität zurückerhalten wird, und in Palästina mit Transjordanien ist die britische Oberhoheit noch gesichert, so wie die französische in Syrien. So hat durch den Weltkrieg der europäische Imperialismus im Orient im Augenblick seines scheinbaren Sieges den entscheidenden Schlag erfahren. Die Emanzipation der islamischen Völker ist, wenn auch in verschiedenem Tempo und in verschiedener Richtung, auf dem Marsch und kann nicht mehr aufgehalten werden.

Freilich hat die englische Politik in ihrer hergebrachten Elastizität sich dieser Entwicklung bereits weitgehend angepaßt. Mochte die Landbrücke Kairo-Kalkutta die hochfliegenden Träume radikaler Imperialisten beschäftigen — die englische große Politik hat bereits vor dem Kriege damit begonnen, auf das sich regende und rasch empfindlich werdende nationale Selbstgefühl der orientalischen Nationen Rücksicht zu nehmen und dafür in der Stille ihre eigentlichen Interessen zu sichern. Diese Interessen aber sind in erster Linie wirtschaftlicher Art. Sie lassen sich mit den Namen zweier Produkte bezeichnen, die heute für die Wirtschaft des vordern Orients ausschlaggebend sind: Baumwolle und Erdöl [16].

In Ägypten, wo die hochwertigste Baumwolle gewonnen wird, die es gibt, hatte der Urheber der Modernisierung des Landes nach europäischem Vorbild, Muhammed Ali, schon vor hundert Jahren damit begonnen, Baumwollkulturen anzulegen. England suchte und fand hier, in noch höherem Maße als in Indien, die Möglichkeit, seine weitaus wichtigste Industrie, die Textilindustrie von Lancashire, von dem allmählich zur Selbstverarbeitung übergehenden amerikanischen Produktionsgebiet loszulösen und selber mit Rohstoff zu versorgen. Nach der Okkupation von 1882, in der Ära Lord Cromers, ging man planmäßig daran, Ägypten von einem sich selber versorgenden Weizenland in ein Baumwolland umzuwandeln. Damit wurde das Land ganz auf den Export nach England und zugleich auf den Import aller sonstigen Lebensgüter von außen her gestellt. Die ägyptische Unabhängigkeitsbewegung war daher folgerichtig von Anfang an darauf gerichtet, das Land in ein autarkes Wirtschaftsgebiet zurückzuverwandeln und zu diesem Zweck den Getreide- und Gemüsebau zu fördern. Aber England hat vorgesorgt. Muhammed Ali war bereits nach dem Sudan vorgestoßen und hatte auch dort Baumwollkulturen angelegt. Das bis 1924 bestehende englisch-ägyptische Kondominium im Sudan, an sich schon eine seltsame Schöpfung, ist seit diesem Jahre der unbeschränkten britischen Oberhoheit über die Länder des Oberen Nil gewichen, an die sich seit dem Kriegsausgang der ununterbrochene Streifen britischer Schutzgebiete in Ostafrika bis zum Kap hinunter anschließt. Auch in Uganda hat England den Baumwollanbau in Schwung gebracht. Die im Sudan gewonnene Produktion wird nicht mehr durch Ägypten, sondern auf einer von Khartum nach Port Sudan geführten Bahn unmittelbar ans Rote Meer geleitet. Auch im Sudan gibt der Nil, dessen beide Hauptflüsse sich bei Khartum vereinigen und der die letzten 2000 km vor seiner Mündung keinen Nebenfluß mehr aufnimmt, alles Wasser her, das für die Bodenkultur gebraucht wird. So phantastisch es klingt — es läßt sich vorstellen, daß durch eine rücksichtslose Ausnützung der Bewässerungsmöglichkeiten im Sudan im Falle eines Konfliktes mit Ägypten die Wasserversorgung des ägyptischen Landes, das Herodot das Geschenk des Nils genannt hat, ernstlich beeinträchtigt werden könnte. Englands Stellung am Nil verfügt also einstweilen über wirtschaftliche und damit politische Ressourcen, die man schwerlich überschätzen kann.

Es ist erinnerlich, wie England in den letzten Vorkriegsjahren den deutschen Plan einer friedlichen Durchdringung der asiatischen Türkei, der im Projekt der Bagdadbahn gipfelte, auf jede Weise zu durchkreuzen versucht hat. Einer der Hauptgründe dafür war der Wunsch, die deutsche Konkurrenz von den Erdölgebieten fernzuhalten, die sich an den ganzen westlichen Randgebirgen Persiens finden und die heute das wichtigste Reservedepot für die Erdölgewinnung auf der Erde darstellen. Der Krieg in Mesopotamien, den England unmittelbar nach der türkischen Kriegserklärung mit der Besetzung von Kuwait und Basra einleitete, galt demselben Ziel und insbesondere der Sicherung der Erdölgewinnung im südwestlichen Persien. In der Nachkriegszeit hat England es dann verstanden, durch zähe diplomatische Energie das Mossulgebiet mit den dortigen Erdölvorkommen durch Angliederung an den Irakstaat unter seine Kontrolle zu bekommen. Das tat es, indem es zunächst Frankreich desinteressierte und es dazu bewog, von der Unterstützung der türkischen Ansprüche abzusehen. Der Preis, den Poincaré dafür erhielt, war die englische Zustimmung zur Ruhrbesetzung. Dem Spruch des Völkerbundsrats, der das Mossulgebiet dem Irak zuteilte, mußte die Türkei sich 1926 fügen. Hierdurch hat England sich die ungestörte Ausbeutung des persisch-irakischen Erdöls gesichert. Von den südwestpersischen Feldern bei Dizful und Ahwaz wird es nach

Abbadan am Schatt-el-arab geleitet, wo es der englischen Flotte im Indischen Ozean zu Gebote steht. Von den nördlicher gelegenen Produktionsgebieten wird eine Röhrenleitung westwärts durch die Wüste angelegt, die in zwei Armen in dem palästinischen Hafen Haifa und in Tripolis in Syrien enden wird. Basra und Haifa werden dadurch die wichtigsten englischen Stützpunkte in Vorderasien. Das Erdöl ist heute in der Volkswirtschaft Persiens und des Irak und damit für die englische Wirtschaftspolitik der wichtigste Faktor und wird es bleiben, bis etwa die synthetische Herstellung des Benzins, die ja in Deutschland gegenwärtig im Mittelpunkt des öffentlichen Interesses steht, eines Tages so verbilligt sein wird, daß das Erdöl seinen Wert einbüßt: das wäre ein Vorgang von außerordentlichen Folgen für die orientalische Wirtschaft.

Dieser Blick auf die englische Wirtschaftspolitik im Orient bedarf einer Ergänzung. Bei flüchtigem Zusehen scheint es keinem Zweifel zu unterliegen, daß das englische Vorgehen aus nichts weiter als einem rücksichtslosen politischen und wirtschaftlichen Egoismus entspringt, der die europäische Konkurrenz, wo immer das möglich ist, auszuschalten sucht und dem die orientalischen Staaten reine Objekte wirtschaftlicher Ausbeutung sind. Aber das ist nicht das Ganze — die englische Politik hat hier wie immer ein doppeltes Gesicht. Einerseits ist die Aufrichtung des britischen Weltreichs doch zugleich eine Angelegenheit Europas gewesen und sie ist es bis heute. England war durch Jahrhunderte der Schrittmacher des Europäismus im Orient und der ganzen Welt und es weiß um diesen seinen Beruf. Wenn wir bedenken, wie England vor dem Kriege unsere Orientinteressen lahm gelegt hat, wie es uns die Kolonien genommen und in der jüngst vergangenen Zeit wieder die gegen Deutschland gerichtete Weltmeinung im Orient für seine Zwecke ausgenützt hat, so haben wir gewiß nicht die mindeste Veranlassung, der englischen Politik Sympathien entgegenzubringen. Aber den Blick für die Größe der englischen Leistung darf uns das nicht trüben.

Ebenso doppeldeutig ist das Vorgehen Englands in Bezug auf die orientalischen Nationen. Daß die politischen und wirtschaftlichen Methoden Englands in den Mandatsgebieten und Ägypten, zumal im Hinblick auf die freie Entfaltung der zur Autonomie zurückgekehrten Staaten wie der Türkei und Persiens, drückend empfunden werden, ist wohl zu verstehen und kann gerade von uns Deutschen nachempfunden werden. Aber das ändert nichts an der Tatsache, daß die Pax Britannica diesen Ländern Möglichkeiten innerer Konsolidierung, wirtschaftlicher und kultureller Erstarkung gebracht hat, die vorher nicht vorhanden waren. Wer sich unvoreingenommen mit der Geschichte Ägyptens vor und nach 1882, mit der Entwicklung des Irak in der Vor- und Nachkriegszeit beschäftigt, kann daran nicht ernstlich zweifeln. Sympathien findet das britische Weltreich vielleicht so wenig wie seinerzeit das römische: das Urteil über die geschichtliche Leistung wird in diesem wie in jenem Falle die Geschichte sprechen.

Aber wir haben bisher nur von der Machtentfaltung Europas, insbesondere Englands, gegenüber dem Orient gesprochen, wie sie sich seit hundert Jahren gestaltet hat, und müssen nun noch in Kürze auf die Reaktion des Orients eingehen, die durch den Weltkrieg in ein neues Stadium eingetreten und kulturgeschichtlich einer der bedeutsamsten Vorgänge der Gegenwart ist. Wenn heute die Europäisierung im ganzen islamischen Orient in den maßgebenden Kreisen nicht mehr als eine drohende Gefahr gefürchtet oder als eine dumpf zu ertragende Not hingenommen, sondern als eine mit bewußtem Willen anzugreifende Aufgabe gesehen und verwirklicht wird, so hat das darin seinen Grund, daß der Orient im Verlauf der letzten vier Menschenalter die Überlegenheit Europas in militärischer, wirtschaftlicher und kultureller Hinsicht erkannt und daraus die Konsequenz gezogen hat. Diese Konsequenz bedeutet, daß man sich auf allen Lebensgebieten vorbehaltlos europäisieren muß, um dadurch stark genug zu werden für eine neue Selbstbehauptung gegenüber Europa.

Dadurch wird heute, wieder vom Westen her, der Europäismus so zum gemeinsamen Schicksal der orientalischen Nationen, wie es seinerzeit der Hellenismus gewesen war. Aber was heute auf dem Gebiet der geistigen Kultur im Orient dem Europäismus weicht, das ist nicht die Religion, nicht der Islam als solcher, wohl aber sind es die Reste und Fortsetzungen eben jener hellenistischen Kultur, die der Osten einst mit dem Westen gemeinsam hatte. Diese Entwicklung ist durch einen Vorgang von symbolischer Kraft ausgelöst worden. Die Rücksicht auf die orientalische Frage ist es in nicht geringem Maße gewesen, die in der Krise des Sommers 1914 England auf die Seite Rußlands führte und dadurch Rußland zum Eintritt in den Krieg ermutigte. Am 25. Juli 1914 schrieb der englische Gesandte aus Petersburg: »Unsere eigene Lage ist höchst gefahrvoll und wir werden zu wählen haben, ob wir Rußland aktiv unterstützen oder auf seine Freundschaft verzichten wollen. Wenn wir es jetzt im Stich lassen, können wir nicht hoffen, jenes freundschaftliche Zusammengehen mit ihm in Asien fortzusetzen, das von solch vitaler Bedeutung für uns ist [17].« Der Weltkrieg hat dann seinen Kreis über Europa hinaus gezogen und den ganzen Umkreis des alten Alexanderreiches, von Nordafrika bis nach Persien und Afghanistan hin, zum Kriegsschauplatz gemacht. Die alte Schicksalsgemeinschaft zwischen Abendland und Orient hat darin noch einmal einen Ausdruck gefunden, das alte Widerspiel von Einheitlichkeit und Gegensätzlichkeit erneuert sich in unseren Tagen in denkwürdiger Weise: der Orient wird von Europa frei und endgültig frei, indem er sich Europa ganz angleicht.

Nur noch weniges darf ich über Form und Richtung dieser Europäisierung sagen, die sich in den einzelnen orientalischen Ländern je nach dem Maß ihrer Selbstbestimmung und der gegebenen kulturellen Voraussetzungen sehr verschieden darstellt. Gemeinsam ist der Wille zur nationalen Selbstbehauptung, der sich in der Aufstellung von Heeren nach europäischem Muster, mit modernster Bewaffnung und Verkehrstechnik und auf dem Boden der allgemeinen Wehrpflicht ausdrückt. Als Gegenschlag gegen abendländische Ausbeutungspolitik geht das Streben auf vollständigen Abbau der europäischen Konzessionen und Kapitulationen, die für die Türkei bereits durch den Frieden von Lausanne, in Persien durch ein Gesetz von 1928 abgeschafft sind. Zugleich wird der Aufbau von national geschlossenen, nach Möglichkeit sich selber versorgenden Wirtschaftsgebieten in Angriff genommen, unter Verzicht auf ausländische Anleihen, mit der Durchführung autonomen Zoll- und Präferenzwesens und vor allem mit sorgsamer Organisation gesunder Spar- und Kreditverhältnisse. Die tragende Voraussetzung für das alles ist die Neuordnung der Volkserziehung im weitesten Sinne. Denn die führenden Staatsmänner der orientalischen Nationen wissen sämtlich, daß die Einführung europäischer Einrichtungen nur in dem Maße fruchtbar werden kann, wie ihre Untertanen zu deren sachgemäßer Benutzung erzogen werden. Dementsprechend wird überall der Bekämpfung des einstweilen noch weitaus überwiegenden Analphabetentums, der Frauenbildung, der Ausbildung von Experten aller Art, die möglichst bald die Heranziehung europäischer Hilfskräfte überflüssig machen sollen, die größte Sorgfalt zugewendet. Alle diese Bestrebungen werden von dem Willen der bedeutenden Staatsmänner gelenkt, die den orientalischen Nationen in der Nachkriegszeit vom Geschick gewährt worden sind. Die Türkei und Persien haben sie in den Persönlichkeiten ihrer beiden Staatschefs, Mustafa Kemals des Ghazi, der sich heute Kamâl Atatürk nennt, und Riza Schah Pahlavis — das Irak hatte ihn in dem unlängst zu früh verstorbenen König Faisal, Ägypten in dem noch unersetzten Nationalistenführer Zaghlul Pascha, der 1927 gestorben ist.

Was die Verschiedenheit des Tempos und der Richtung in der Europäisierung anlangt, so ist es bekannt, daß die türkische Republik am weitesten fortgeschritten ist. Sie hat den Zusammenhang mit ihrer Vergangenheit gründlich abgebrochen. Alles was osmanischer Staat hieß, ist mit dem Namen der Osmanen selbst der Vergessenheit überantwortet. Das Kalifat ist abgeschafft, die Geltung des Islam als Staatsreligion besteht seit 1928 nicht mehr, der Religionsunterricht ebenso wie der arabische und persische Unterricht ist von den Schulen verschwunden, an Stelle der arabischen ist die lateinische Schrift eingeführt worden, womit die türkische Literatur der letzten 500 Jahre den Bibliotheken und einem kleinen Kreise von Gelehrten überantwortet ist. Die Hagia Sofia, fast ein Jahrtausend lang für die östliche Christenheit, dann fast ein halbes Jahrtausend für die islamische Türkei das ehrwürdigste Gotteshaus, ist in ein Museum verwandelt — und eine geringfügigere, aber doch charakteristische Anordnung der letzten Tage (Rede Mustafa Kemals vom 1. November 1934): die alte türkische Musik soll auf europäische Weise mensuriert und harmonisiert werden [18]. Der Ausfall an Gütern nationaler Bildung, der durch den Bruch mit der Vergangenheit des osmanischen Staates und dadurch mit der kulturellen Beziehung der älteren Türkei zur arabischen und persischen Bildung erfolgt ist, wird durch die Rückwendung zum Türkentum und zur türkischen Kultur der vorosmanischen Zeit ersetzt. Das hat seinen Ausdruck in der Konstruktion eines Geschichtsbildes gefunden, nach dem die türkische Kultur die Mutter aller Kulturen ist. Wie die Sumerer in Babylonien, so sind auch die Hethiter, die Herrscher Kleinasiens im zweiten vorchristlichen Jahrtausend, Türken. Die griechische Kultur ist von ihnen geschaffen worden, aber ebenso alle Kultur Mittel- und Ostasiens; auch der Buddha z. B. ist türkischen Geblüts. Als Beweismittel dienen besonders etymologische Deutungen, von denen ich wenigstens ein Beispiel geben will. Aus dem griechischen Namen Anatoliens ist im türkischen Munde *Anadolu* geworden: das wird in die zwei türkischen Worte *ana* 'Mutter' und *dolu* 'voll' zerlegt und — freilich gegen die türkische Grammatik — durch 'reich an Müttern' stimmungsvoll wiedergegeben — womit die türkische Herkunft des Landesnamens als erwiesen gilt. Zu dieser historischen Methode wäre mancherlei zu sagen. Am bedenklichsten ist vielleicht ihre unbegrenzte Übertragbarkeit: man kann mit ihren Mitteln jedes beliebige Volk des Planeten als das älteste, nach allen Seiten hin seine Ausstrahlungen entsendende Kulturvolk erweisen — und man zweifle nicht daran, daß die Zukunft noch manche neue Geschichtskonstruktion gleicher Art in ihrem Schoße birgt. Zusammen mit der Durchsetzung des neuen Geschichtsbildes geht eine auf Ausscheidung aller arabischen und persischen Elemente zielende Sprachreinigung.

Ein charakteristisches Zeichen für die neuen Formen nationaler Besinnung, die der Orient von Europa übernimmt, sind die Gedenkfeiern für große Träger der nationalen Vergangenheit. Wie in diesem Jahre in China zum erstenmal seit über zwanzig Jahren der Geburtstag des Konfuzius wieder von Staats wegen gefeiert worden ist, wie in Japan die Frage diskutiert worden ist, ob die 2500jährige Wiederkehr des Geburtstages des Buddha in diesem Jahr oder erst in sechs Jahren begangen werden soll, so hat vor wenigen Wochen die persische Regierung dem größten Dichter ihres Volkes, dem Firdosi, eine Jahrtausendfeier bereitet, wie Persien sie noch nicht erlebt hat. Und für das kommende Jahr rüstet sich die arabische Welt zur Feier für den Dichter Mutanabbi.

Faßt man den Unterschied zwischen der radikalen Europäisierung in der Türkei und dem wesentlich konservativeren, vielleicht auch organischeren Ausgleich, der sich in Ägypten vollzieht, ins Auge, so wird man außer den mannigfachen Verschiedenheiten der in beiden Fällen gegebenen lokalen Voraussetzungen auch die Tatsache beachten müssen, daß das Europa, an dem die islamischen Völker sich kulturell orientieren, gerade innerhalb der neuesten Periode aufgehört hat, sich als geistige und kulturelle Einheit darzustellen. Bis zum Kriege trat europäisches Ideengut dem Orient in einheitlicher Geschlossenheit entgegen. Europa schien bei aller Rivalität der Mächte doch nicht nur durch militärische, wirtschaftliche und technische Errungenschaften, sondern auch durch die Gemeinsamkeit wissenschaftlicher und künstlerischer Ideale und nicht zuletzt durch das gemeinsame christliche Bekenntnis geeinigt. Was es mit der Praxis des Christentums als der Religion der Bruderliebe auf sich hat, das hat den Muslimen, denen die Superiorität des Islam als Religion ohnehin nie zweifelhaft geworden ist, der Weltkrieg in einer Weise gezeigt, die der christlichen Mission — die übrigens in der Türkei verboten ist — wohl auf absehbare Zeit im islamischen Orient alle eigentlich religiöse Wirkung abschneidet. Darüber hinaus aber hat sich durch den Ausgang des Weltkriegs und seine Auswirkungen die geistige Gemeinschaft des Abendlandes aufzulösen begonnen — und dem gemäß beginnt sich der Europäismus im Orient zu differenzieren, je nachdem auf welches europäische Land der einzelne orientalische Staat mit besonderer Aufmerksamkeit hinblickt. So ist wohl hinsichtlich der Entwicklung der Türkei Folgendes zu bedenken. Die Sowjetunion hat, im Hinblick auf die dringenden Fragen der Sicherung ihrer West- und ihrer Ostgrenze, seit der Neuordnung des Staatensystems im vorderen Orient allen Wert darauf gelegt, unter Zurückstellung der kommunistischen Propaganda mit ihren Nachbarn im Süden, also mit der Türkei, mit Persien und Afghanistan gute Beziehungen aufzurichten und zu pflegen — und diese Politik wird bis heute durchgeführt. Die Verständigung mit der Sowjetunion war für die Türkei schon bei der Liquidation des Vertrags von Sèvres ein starker Rückhalt [19]. Die Sowjetunion aber ist das größte Beispiel eines Staates, der mit den modernsten europäischen Methoden den Aufbau eines autonomen Wirtschafts- und Kulturgebiets fördert, um sich dadurch zum ebenbürtigen oder überlegenen Gegenspieler Europas zu erheben. Sie liefert zugleich als erste ein Beispiel für die innerpolitischen Methoden, deren ein diktatorisches Regime sich bei einem solchen Neuaufbau zu bedienen vermag. Während also bei der Europäisierung des Orients inhaltlich noch die kulturellen Bestände Westeuropas benutzt werden, dient als formales Vorbild wohl vielfach der Vorgang der Sowjetunion. Die Sowjetunion ist nun zugleich der schärfste Gegner der überlieferten liberalen, bürgerlich-humanen Kultur Alteuropas — und von andern Ausgangspunkten her richtet sich die Kritik des Fascismus und des Nationalsozialismus gleichfalls gegen die westeuropäischen Traditionen und steht im Begriff, die europäische Gemeinsamkeit in einen an die Wurzeln der gemeinsamen Überlieferung reichenden Kampf der Weltanschauungen und Wertbildungen zu verwandeln. Wie der Orient seinerzeit das Christentum, dem er spiritualistische Überspanntheit und mangelnde Lebensnähe vorwirft, abgetan und zum Islam vereinfacht hat, so fühlt er sich heute zu den einfacheren Ideen des autoritären und totalen Staates, denen in seiner eigenen Vergangenheit und Denkgewöhnung manches gemäß ist, eher hingezogen als zu der komplizierteren, anspruchsvolleren und gefährdeteren Kulturgesinnung Alteuropas.

Welche Aufgaben und Möglichkeiten — und das soll das letzte sein — ergeben sich in dieser verwirrend widerspruchsvollen Lage für uns, die wir es mit der deutschen Orientforschung zu tun und ihr zu dienen haben? Von einer aktiven Orientpolitik im englischen Sinne ist Deutschland abgeschnitten; von den Möglichkeiten deutscher Technik und deutschen Handels im Orient habe ich hier nicht zu sprechen. Wie steht es um das, was wir auf kulturellem Gebiet leisten können? Die Antwort ist einfach. Wir haben weiter das zu üben, was wir von unseren Lehrern gelernt haben: unbefangene, aufrichtige Bemühung um das Wesen der orientalischen Dinge und ihrer Verflechtung mit dem Geschichtsablauf, in dem wir selber stehen, in Forschung und Lehre. Kein europäisches Volk hat mehr für die Orientforschung getan als das deutsche: das wird heute von den orientalischen Regierungen anerkannt, die uns eine kleine Schar ausgewählter Studierender zur Ausbildung auf den einzelnen Gebieten orientalischer Altertums- und Geschichtsforschung senden. Die gemeinsame Arbeit, die sich hier ergibt und weiter ergeben wird, und zu der wir die beiden kostbaren Güter europäischer Bildung beizusteuern haben: die Methode freier geschichtlicher Forschung und das vorbehaltlose und unbefangene Anteilnehmen an allem Geschichtlichen und Lebendigen um seiner selbst willen, wird den Gebildeten der orientalischen Nationen bei ihrer geschichtlichen Selbstbesinnung zugute kommen. Unsere Sache ist es, die Schwere dieser Aufgabe zu sehen und zu Bewußtsein zu bringen und unerschrocken ihre Zwiespältigkeit auf uns zu nehmen: dem orientalischen Wesen offen zugewandt zu sein, es in seinem Anderssein wie in seiner tieferen Beziehung zu uns zu verstehen, uns in diesem Verstehen als Deutsche zu wissen und zusammen mit unserem Deutschtum die unverlierbare Idee Europas fest vor Augen zu behalten.

Anmerkungen.

[1] Zur Ergänzung des Folgenden verweise ich auf meine auch den alten Orient einschließende Skizze der kulturellen Entwicklung Vorderasiens, die im Handbuch der Kulturgeschichte, hrsg. von H. Kindermann (Akademische Verlagsgesellschaft, Potsdam), erscheint.

[2] Erstveröffentlichung: Journal of the Royal Asiatic Society 1926, 433 ff. und Deutsche Literatur-Zeitung 1926, 1205 ff.

[3] E. Herzfeld, Archäologische Mitteilungen aus Iran 7 (1934) 46.

[4] Im 123. Kap. des ca. 30 Jahre nach Tschang K'iens Reise vollendeten Geschichtswerks des Sse-ma Ts'ien, übers. von Fr. Hirth, The Story of Chang K'ien, in: Journal of the American Oriental Society 37 (1917) 89 ff.; vgl. dort S. 95 § 11, S. 97 § 31, S. 108 § 100, S. 146 s. v. *p'u-t'au*. Die griechische Etymologie dieses Wortes wird von B. Laufer, Sino-Iranica 225, ohne Grund abgelehnt; die von ihm vorgeschlagene Herleitung aus dem Iranischen ist unhaltbar.

[5] O. Franke, Geschichte des chinesischen Reiches I 338.

[6] Vgl. O. Kümmel, Mittelländisch-ostasiatische Kunstbeziehungen in der Zeit des römischen Imperiums, in: Sitzungsberichte der Kunstgeschichtlichen Gesellschaft Berlin (Okt. 1933—Mai 1934) 18 ff.

[7] Wertvolle Aufschlüsse darüber birgt — nach freundlicher Mitteilung von O. Franke — die Monographie von Hsiang Ta, The Chang An of the Tang Dynasty and the Civilization of the western Regions (Yenching Journal of Chinese Studies, Monograph Series 2, Peiping 1933). Eine deutsche Übersetzung wird vorbereitet.

[8] S. den schönen Aufsatz von R. Harder, Die Einbürgerung der Philosophie in Rom, in: Die Antike 5 (1929) 291 ff.

[9] R. Strothmann, Die neuere Orientgeschichte im Rahmen der Kirchengeschichte, in: Zeitschrift der Deutschen Morgenländischen Gesellschaft 88 (1934) 277 ff.

[10] Zum Folgenden vgl. die geistvolle Abhandlung von A. J. Toynbee, Notes on the History of the Oxus-Jaxartes Basin, in: Bulletin of the School of Oriental Studies 3 (1923) 241 ff.

[11] Daß schon vor 751 in Transoxanien Papier aus China eingeführt wurde, lehrt der im November 1933 gelungene Handschriftenfund vom Berge Mugh, 120 km östlich von Samarkand am Zerafschan. Von den über 80 geborgenen Dokumenten sind 20 auf Papier, 23 auf Holzstäben, die übrigen auf Leder geschrieben, ein einziges (auf Leder) in arabischer, drei (auf Papier) in chinesischer, die übrigen in sogdischer Schrift und Sprache — abgesehen von einem schlecht erhaltenen Dokument auf Leder in runenartiger Schrift und noch nicht bestimmter Sprache. Die sogdischen Urkunden rühren in ihrer Mehrheit von Dēvāstič, »König von Sogd und Herrn von Samarkand«, her oder sind an ihn gerichtet. Er ist auch der Urheber des arabischen Briefes, der an den Statthalter von Chorasan, al-Dscharrāḥ b. 'Abdallāh, gerichtet

und dadurch in die kurze Zeit seiner Statthalterschaft, Anfang 718 bis April 719, datiert ist, und ist der arabischen Überlieferung als Dēvāstī bekannt. Die chinesischen Urkunden stehen mit den übrigen in keinerlei inhaltlichem Zusammenhang und sind offensichtlich als Schreibstoff, zur Verwendung ihrer leeren Rückseiten, importiert; tatsächlich trägt eine von ihnen auf der Rückseite einen sogdischen Text. Vgl. den von der Akademie der Wissenschaften der SSSR herausgegebenen Sogdijskij Sbornik, Leningrad 1934. — Gleichzeitig mit dem Papier wurde auch das chinesische Porzellan den Arabern in Transoxanien bekannt, s. die ergebnisreichen Untersuchungen von P. Kahle, Islamische Quellen zum chinesischen Porzellan, in: Zeitschrift der Deutschen Morgenländischen Gesellschaft 88 (1934) 5 ff.

[12] Vgl. meine Iranica (1934) 64 f.

[13] R. Tschudi, Vom Islam zur Zeit der Kreuzzüge, in: Asia Major 9 (1933) 441 ff.; ders., Vom alten osmanischen Staat (1930). Diese beiden Arbeiten gehören zu dem Vorzüglichsten, was in letzter Zeit zur Geschichte des Islams im Mittelalter gesagt ist.

[14] P. Pelliot, Chrétiens d'Asie centrale et d'Extrême Orient, in: T'oung Pao sér. 2, 15 (1914) 623 ff. R. Strothmann, Die Zwölfer-Schī'a (1926) 35 ff.

[15] Vgl. die Übersicht bei W. Barthold, Die geographische und historische Erforschung des Orients (1913) 25 ff. Der Gegenstand verlangt eine neue Monographie.

[16] Zum Folgenden vgl. das gedankenreiche Buch von H. Kohn, Die Europäisierung des Orients (1934) 175 ff.

[17] Zitiert nach H. Rothfels, Europa und das englische Weltreich, in: Auslandsstudien 5, Königsberg 1930, 62.

[18] G. Jäschke, Die jüngsten Reformen in der Türkei, in: Der Orient 17. Jahrg. 1935, 1 ff.

[19] Die interessanten Anfänge der russisch-türkischen Verständigung schildert auf Grund neu erschlossenen Materials G. Jäschke, Der Weg zur russisch-türkischen Freundschaft, in: Die Welt des Islams 16 (1934) 23 ff.

ISLAMISCHE KUNST

VON

ERNST KÜHNEL

10. Dezember 1934

Islamische Kunst und Kultur erforschen heißt sich mit derjenigen Bewegung auseinandersetzen, die in Zeit und Raum und Geist der germanisch-christlichen Entwicklung des Abendlandes am nächsten stand. In enger Berührung mit dem Orient haben sich Jahrhunderte lang unsere eigenen Geistesströmungen und Kunstrichtungen geformt, gestählt und durchgerungen, oft unter lautem Kriegsgetöse, aber auch im friedlichen Austausch von Gütern und Gedanken. Und je tiefer wir in die Probleme unseres eigenen Mittelalters eindringen, desto deutlicher erkennen wir, daß auf den verschiedensten Gebieten ohne Berücksichtigung des Verhältnisses zum Islam reinliche Lösungen kaum zu finden sind. Leider steht nun aber das, was der gebildete Europäer vom näheren Orient weiß, in keinem Verhältnis zu der Bedeutung, die dieser einst für das Abendland hatte. Eine gewisse Erklärung für diese Entfremdung mag man in der während der letzten Jahrhunderte völlig auseinander strebenden beiderseitigen Entwicklung und im allgemeinen Niedergang des gänzlich unproduktiv gewordenen Ostens finden, aber tatsächlich ist das Interesse für islamische Dinge so gesunken, daß es heute fast leichter erscheint, für die uns in jeder Hinsicht ferner liegende ägyptische oder chinesische Kultur wohlwollende Neugier oder gar verständnisvolle Sympathie zu wecken. Es darf uns, was insbesondere die Kunst anlangt, ein schwacher Trost sein, daß diese im Orient selbst heute noch weniger verstanden wird als bei uns. Zu ihrer Erforschung haben Mohammedaner aller Zungen so gut wie nichts beige-

Weinrankenwerk an der Fassade von Mschatta. Anfang 8. Jh.

Arabeskenwerk am Mihrâb in Cordova. Mitte 10. Jh.

Stilwerdung der Arabeske

Vom Mihrâb im Hof der Gr. Moschee in Mosul. Anfang 13. Jh. (Phot. Sarre).

Titelornament aus einem Koran. Türkei, 16. Jh.

Arabeskenwerk in freier Entfaltung

tragen. Sie haben uns weder die nötigsten Daten zur Geschichte der Stile und Formen geliefert noch die erforderlichen Grundlagen zu einer islamischen Ästhetik geschaffen, so daß wir gezwungen sind, uns aus der Ordnung der erhaltenen Denkmäler das historische Gerüst mühsam zurechtzuzimmern und durch Feststellung religiöser und philosophischer Bindungen Einblick in die tieferen Gründe künstlerischen Schaffens zu gewinnen. Wäre man bei diesen Aufgaben von vornherein mit aller Objektivität vorgegangen, so stünden wir in unserer Kenntnis trotz allem heute schon ziemlich weit. Leider machen sich aber gerade in unseren berufenen Fachkreisen immer wieder Hemmungen geltend, die das Tempo der Forschung unnötig verlangsamen. Sie fallen im wesentlichen unter drei Komplexe, die teils in latenten Widerständen sich auswirken, teils in offener Polemik hervortreten: humanistische, religiöse und rassische Vorurteile. Ohne ihre Beseitigung ist ein volles Verständnis für Wesen und Leistungen islamischer Kunst nicht zu vermitteln.

Immer wieder begegnet man hinsichtlich der islamischen Kultur der Auffassung, daß sie lediglich als ein Ausklang der Antike, als mehr oder weniger schwülstige, dekadente Bildung einer letzten Phase des Hellenismus anzusehen sei, und in diesem Sinne war man seit Generationen bemüht, sorgfältig alles aufzudecken, was sie mit der Welt des Altertums verbindet. Darüber wurde dann gern das vergessen, was beide grundsätzlich trennt, d. h. gerade das, was für die neue Gesinnung allein entscheidend werden konnte. Man sah oft die Kluft vor lauter Brücken nicht und kam so zu einer Überschätzung alles dessen, was der Islam tatsächlich oder anscheinend aus der alten Welt in die neue Sphäre hinübergenommen hatte. Und ebenso wie man seine Abhängigkeit von Judentum und Christentum betonte, statt den religiösen Gegensatz hervorzuheben, in den er zu ihnen trat, deutete man die Toleranz, die er der antiken Zivilisation entgegenbrachte, als bloßes Epigonentum. Natürlich mußte der Islam wie jede neue Geistesrichtung, wenn sie Dauer haben will, seine historischen Vorstufen miterfassen; außerdem kam für ihn eine kämpferische Einstellung gegen die griechische Welt schon deshalb nicht in

Frage, weil er für sich in Anspruch nahm, das gesamte frühere Wissen im Koran zu enthalten. Die maßgebende Auffassung ging dahin, daß die eigentliche Wahrheit bereits gefunden sei, daß alle Offenbarungen im Grunde übereinstimmten und daß sie nur in jedem Zeitalter ihre eigene Formulierung fänden. Dazu kam noch das ausdrückliche Gebot, sich der Forschung zu widmen, und so konnten ernstliche Bedenken, sich mit der gesamten Philosophie und Wissenschaft des Altertums zu beschäftigen, nicht auftreten. Wesentlich war nun aber nicht die Erbmasse selbst, die man zu übernehmen bereit war, sondern der Grad ihrer Anpassung. Wir finden Neubildungen von Lehren unter Beibehaltung der alten Terminologie, und es wäre falsch, unter den alten Formeln auch immer die alten Ideen zu vermuten oder gar den arabischen Philosophen vorzuwerfen, sie hätten die Griechen mißverstanden. In anderen Fällen wieder ließ man den sachlichen Kern alter Weisheit unberührt, aber gab ihm eine Definition, die sich dem islamischen Empfinden einordnete. Die heikle Aufgabe zielsicherer Angleichung in dem Sinne, daß griechisches Wissen bereitwillig verwertet, dabei aber die Überlegenheit der koranischen Lehre immer von neuem bestätigt wurde, führte oft zu erstaunlichen Lösungen, und um 1100 erfährt dieser Prozeß seine Krönung durch Ghazali, der die aristotelische Logik in der islamischen Lehre verankert. Mit derselben Toleranz, die man dem Hellenismus und dem Christentum entgegenbrachte, nahm man aber auch — und das darf nicht übersehen werden — in größerem Umfange iranische und in geringerem, aber immer noch nennenswertem Maße indische Gedanken auf. So waren die Bausteine, aus denen in langem Geistesringen die islamische Philosophie sich formte, sehr verschieden, das Bauprogramm aber klar und einheitlich. Und nicht viel anders lag es auf den verschiedenen Gebieten des Kunstschaffens.

Es waren gewiß nicht Architekten und Handwerker, die den neuen Glauben aus den Wüsten Arabiens in die Kulturzentren der alten Welt trugen, und nach dem Wunsche des Propheten hätte der Islam prächtiger Moscheen und prunkender Paläste überhaupt nicht bedurft. Die Forderung nach monumentalen

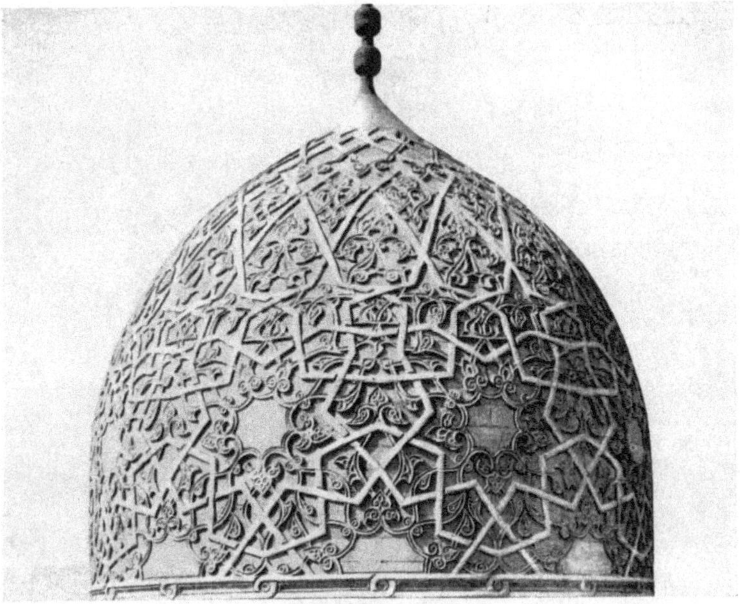

Kuppel der Grabmoschee des Qayt Bay in Kairo. 15. Jh.

Ziegelstuckwerk am Grabmal der Mumine Khâtûn in Nakhtshewan (Persien), Ende 12. Jh. (Nach Sarre).

Arabesken in geometrischer Bindung

Bronzekanne mit Tauschierung in Leningrad. Samanidisch, 9. Jh.

Seidenstoff für den Qaid Nedjtegin im Louvre. Khorasan, Mitte 10. Jh.

Sasanidische Nachblüte im frühislamischen Persien

Bauten in würdiger Ausstattung stellte sich erst ein, als mit der Verlegung des Kalifats nach Damaskus schon aus Prestige- und Propagandagründen die Errichtung von Gotteshäusern geboten war, die neben den gewaltigen Tempeln der Heiden und den schmuckstrotzenden Kirchen der Christen sich nicht allzu kläglich ausnehmen durften. Und ebenso gestattete die unaufhörlich wachsende weltliche Macht dem Beherrscher der Gläubigen nicht mehr, sich in der Rolle eines arabischen Stammeshäuptlings dem Hohn von Byzanz auszusetzen, sondern eine glänzende Hofhaltung wurde geradezu zum politischen Erfordernis. Nichts ist natürlicher, als daß man, um den dringendsten Bedürfnissen zu genügen, zunächst in großem Umfange Spolienmaterial von antiken Bauten verwendete, griechische, syrische, koptische Architekten, Steinmetzen, Mosaïzisten heranzog und überhaupt bemüht war, alle vorhandenen künstlerischen Kräfte zu sammeln und durch Aufträge zu fördern. Es ist auch nicht weiter verwunderlich, daß man von den christlichen Basiliken die Apsis übernahm und ihr die Funktion des Mihrāb zuwies, der Betnische zur Orientierung des Gläubigen, oder daß man für die Freitagspredigt die Kanzel als Minbar beibehielt. Wesentlich war die Umwälzung im Gottesdienst selbst, der ohne allen liturgischen Apparat lediglich als gemeinsames Gebet vor sich ging und der räumlichen Ausgestaltung der Moscheen mit den neuen Bedürfnissen neue Wege wies. Noch einschneidender war der Umbruch in Sitten und Bräuchen, der das gesamte Privatleben erfaßte und mit eintretendem Schmuckbedürfnis die Künstler vor völlig ungewohnte Aufgaben stellte. Gleichviel, aus welcher Schule sie hervorgegangen waren: sie mußten gänzlich umlernen, und wenn die Einstellung auf die neuen Anforderungen der älteren Generation noch schwer fiel, so war sie der folgenden bereits selbstverständlich. In der dekorativen Richtung, die mit der Omaijadenzeit einsetzt, können wir bereits deutlich erkennen, wohin die Entwicklung strebt. Der Formenschatz, den der Islam vorfand, war dem Hellenismus der klassischen Periode damals, im 7. Jahrhundert, längst entfremdet und nur noch als stark orientalisierte Spätantike zu werten, die in sich selbst nie die Kraft zu einer Wandlung besessen hätte, wie sie sich nun vollzog. Die Motive werden ihrer ursprünglichen Funktion entkleidet, werden, völlig umgeprägt, einem neuen Zierstil dienstbar, und nur bei oberflächlicher Betrachtung kann der Eindruck entstehen, als ob hier etwas weiterlebt, was in Wirklichkeit längst abgestorben war.

Welcher Art war nun der grundsätzliche Wandel, der sich in der Kunstanschauung vollzog? Jede wirklich produktive Kunst muß irgendwie ausgehen von der Natur. In ihr muß sie ihre entscheidenden Anregungen finden, und verschieden ist nur die Art, wie diese auf die schöpferische Phantasie wirken, die ihrerseits abhängig bleibt von religiösen und weltanschaulichen Dingen. Nun war die Einstellung des islamischen Menschen zum Kosmos eine wesentlich andere als in der Antike oder im christlichen Abendlande. Die islamische Auffassung von der Allmacht Gottes geht so weit, daß der Natur immanente Kräfte nicht zugeschrieben werden. Sie gestaltet also nicht nach eigenen Gesetzen, sondern ihre Erscheinungsformen werden willkürlichen göttlichen Schöpfungsakten verdankt. In ihr ist nichts bleibend, sondern alles unterliegt der Veränderung, dem Wechsel, dem Vergehen. Selbst die Zeit ist nur eine Reihung von Augenblicken. Nicht die Harmonie der Dinge im Kosmos gilt als Gottesbeweis, sondern die unaufhörliche Veränderung alles Geschaffenen. »Nur Er währet.« Das bedeutet, daß auch der Schönheit in der Natur keinerlei Wert beizumessen ist, und für die Kunst die Forderung nach möglichster Unwirklichkeit der Formen. Kraß ausgedrückt: die Natur ist nicht wert, im Bilde festgehalten zu werden. Gott ist der »Bildner«, und der bloße Naturalismus einer Wirklichkeitskunst wäre als Übergriff in das göttliche Schöpfungsprivileg im islamischen Sinne Blasphemie. Daher die Tendenz, Natureindrücke und Eingebungen der Phantasie nicht bildnerisch zu gestalten, sondern sie ins Ornamentale zu übersetzen, zu stilisieren und zu schematisieren. Die gleichmäßige Füllung der Flächen und die Wiederholung der Motive in rhythmischer, endloser Reihung verhütet, daß der Blick bei dem einen oder anderen Gebilde ungebührlich verweilt; das Zierwerk wird gleichsam vorübergeführt vor dem Auge des Beschauers, und je naturferner und abstrakter die Vision erscheint, desto vollkommener ist sie und desto reiner der ästhetische Genuß. Gewiß haben die Künstler über diese Dinge nicht viel nachgedacht, und oft haben sie bewußt oder unbewußt gegen sie verstoßen, aber dann hat sich das islamische Gewissen bei ihren Auftraggebern oder deren Beratern gemeldet, bisweilen ist auch der Muhtasib, dem die Gewerbepolizei unterstand, von sich aus eingeschritten, und so ist es zu dauernden Verirrungen eigentlich nirgends gekommen. Die Ablehnung einer Malerei und Plastik großen Stils ergab sich unter solchen Umständen von selbst. Dagegen brauchte die Verwendung von Menschen- und Tierdarstellungen — außer an religiösen Orten, am Moscheemobiliar und dergleichen, wo sie ganz zu unterbleiben hatte — nicht unbedingt anstößig zu sein, sofern sie in ornamentaler Funktion auftrat, und es war nur eine streng puritanische Auslegung, daß die Wiedergabe aller Lebewesen überhaupt unstatthaft sei. Durch Reihung in Prozessionen, durch Gegenüberstellung im Wappenstil, durch Arabeszierung der Körper wurden animalische Motive in ähnlicher Weise umgeprägt, wie es bei Pflanzenformen der Fall war, und ebenso wurden Einzelfiguren und kleinere Szenen, ganz abgesehen von ihrer gegenständlichen Belanglosigkeit, durch Wiederholung und dekorative Formulierung nach Möglichkeit banalisiert. Vorwürfe allegorischer oder symbolischer Bedeutung kamen natürlich überhaupt nicht in Frage.

Das hier skizzierte ästhetische Programm ist zwar nirgends klar definiert, aber aus den uns erhaltenen Werken stellen wir fest, daß es in fast allen Stilen und Perioden folgerichtig zur Anwendung kam. Mit hellenistischem Geiste hat es, wie man sieht, nichts mehr gemein. Und wie am Anfang der ganzen Entwicklung die morschen Reste antiken Erbes im neuen Sinne umgeschmolzen werden, so müssen auch im späteren Verlauf gewaltsam eindringende, viel lebensfähigere Fremdformen — man denke nur an die Flut ostasiatischer Elemente, die die Mongoleneinfälle hereinbrachten — durch gründliche Islamisierung erst so weit gefügig gemacht werden, daß sie fortan lediglich als Bereicherung des überkommenen Formenschatzes zu buchen sind. Die Stärke des Widerstandes wurde gewährleistet durch die unverrückbare religiöse Grundlage, und wenn das Wagnerwort, daß die Kunst die Darstellung der Religion sei, irgendwo berechtigt ist, dann hier.

Zweifellos war eine Weltanschauung, die so stark zur Geltung kam, wenig geeignet, rassische und völkische Eigenarten sich auswirken zu lassen, und darin liegt vielleicht ihre größte Schwäche. Der Islam hat das Geistesleben, hat Sitte und Brauchtum der verschiedensten Völker in eine erstaunlich einheitliche Linie gezwungen und nationale Abgrenzungen unter seinen Bekennern nach Möglichkeit verwischt. Wenn es trotzdem erst langsam zur Rassenmischung und zum Untergang wertvoller Menschenbestände kam, so lag das an den Widerständen der Völker und Stämme selbst, die sich wenigstens in ethnischer und sozialer Hinsicht nicht ohne Weiteres nivellieren ließen, sondern oft Jahrhunderte lang voneinander Distanz hielten, ungeachtet aller gemeinsamen Bindungen. Das hindert nicht, daß sie sich in fanatischem Eifer für die Sache des Koran überboten, so daß die Reinheit der islamischen Lehre, gleichviel welches Volk die politische Führung hatte, stets gesichert blieb.

Für die kulturelle Orientierung wurde es von besonderer Bedeutung, daß gerade die Araber berufen waren, die neuen Ideen in die Welt zu tragen. Unverbraucht und ohne die Belastung einer künstlerischen Vergangenheit, aber begabt mit einer kühnen Phantasie, die sich in Dichtung und Musik bereits erprobt hatte, glücklich ergänzt durch eine Neigung zur mathematischen Spekulation, und vor allem im Besitz einer Schrift, die die reichsten Entfaltungsmöglichkeiten bot, schienen sie besonders geeignet, die islamische Reform zu verbreiten und darüber zu wachen, daß sie nicht in überwundene Formen gepreßt, sondern zu kräftigem Eigenleben geführt wurde. Und wenn sie zunächst auch bei den Vertretern einer verflossenen Epoche in die Lehre gehen mußten, so hatten sie doch bald die nötige handwerkliche Eignung erworben, um mit eigenen Prägungen hervorzutreten. Sie legten den Grund für die entscheidende Richtung der weiteren Entwicklung, sie schufen die ersten Werke, deren Stil und Rhythmus klar das neue Programm verkündeten, sie führten in der mit Recht nach ihnen benannten Arabeske dasjenige Gebilde ein, das wie kein anderes in der gesamten Geschichte der Ornamentik die Unerschöpflichkeit künstlerischer Eingebung bei inbrünstiger Konzentration auf ein einzelnes bescheidenes Motiv dartut. Ihre glänzende Befähigung erwiesen sie vor allem in der spanisch-maurischen Richtung, die im wesentlichen als arabische Leistung anzusehen ist; denn das Erbe, das sie hier von Westgoten und Berbern übernahmen, war gering und für die weitere Entfaltung nicht ausschlaggebend. Freilich ist gerade im westislamischen Bereich zuerst, und zwar bereits im 15. Jahrh., die Erfindungskraft versiegt, da ihr nicht aus einem bodenständigen Volkstum neue Kräfte zugeführt wurden; die Kunstproduktion stagniert in unfruchtbaren Wiederholungen und erfährt nur von Zeit zu Zeit vorübergehende Impulse durch landfremde Einflüsse.

Solange die Araber die islamische Idee vortrugen, bestand keine Befürchtung, daß ihre Grundlinie verlassen oder verwischt würde. Diese Gefahr stellte sich erst ein, als im Osten mit den Persern ein Volk in die führende Stellung einrückte, das es in Jahrhunderten glänzender Entwicklung zu hochbedeutenden Kunstleistungen gebracht hatte und sich nun in die Lage versetzt sah, eine völlige geistige Umstellung vorzunehmen. Es ist interessant, an den frühislamischen Erzeugnissen aus iranischem Gebiet zu verfolgen, wie die Künstler in ihrem Gewissenskonflikt bestrebt sind, die Forderungen der neuen Religion mit ihrer nationalen Überlieferung in Einklang zu bringen und mit welcher Hartnäckigkeit sie sich den Bemühungen des Baghdader Hofes, einen einheitlichen abbasidischen Reichsstil zu schaffen, widersetzen. Unter lebhafter Förderung durch die faktisch selbständigen iranischen Fürsten wird auf allen Gebieten des Kunstschaffens bei vorsichtiger Islamisierung der Anschluß an die sasanidische Periode gesichert, und dieselbe Geisteshaltung verhütet den drohenden Untergang literarischen Eigenlebens in arabischem Schrifttum. So war, als um die Jahrtausendwende in der Person Firdosis der große Dichter des neuen Persien hervortrat, der Boden bereitet für die begeisterte Aufnahme seines Epos, das das Bewußtsein einer heroischen Vergangenheit im Volke verwurzelte und ihm den Glauben an eine große Zukunft wiedergab. Das schiitische Bekenntnis erleichtert die Absonderung, und die kulturelle Selbständigkeit Irans ist im 11. Jahrhundert so stark, daß die große sunnitische Welle, die mit den Seldschuken hereinbricht, sie nicht mehr erschüttern kann. Die Medrese, zur Verbreitung der orthodoxen Lehre gedacht, wird zum persischen Sonderbau in der religiösen Architektur, der dem iranischen Liwanprinzip zum Siege verhilft und den Moscheeplan von Grund auf verändert, die Aufträge an den Höfen der Atābegs kommen in erster Linie persischen Handwerkern zustatten und das Interesse der fremden Machthaber an der Buchmalerei gibt iranischen Bildgedanken und iranischem Landschaftsgefühl die Möglichkeit zu neuer, fruchtbarer Entfaltung. Im übrigen wird die Islamisierung aller Motive nunmehr bereitwillig und konsequent durchgeführt, mit besonderer Toleranz in figürlicher Hinsicht und im Rahmen einer sehr geschlossenen Entwicklung, die um die Mitte des 13. Jahrhunderts sich siegreich gegen die mit der Mongolenzeit hereinbrechende ostasiatische Welle behauptet. Die fremden Formen werden im persisch-islamischen Sinne umgeprägt und in die letzte nationale Blüteperiode unter den Safawiden mit hinübergenommen.

Als drittes großes Volk haben die Türken bestimmend in die Geschicke der islamischen Zivilisation eingegriffen. Ähnlich wie die Araber mußten auch sie erst den Weg finden vom Nomadentum zum geordneten Staatswesen und vom primitiven Götterglauben zum strengen Monotheismus, aber der Übergang in die neue Kultursphäre wurde ihnen andererseits wesentlich dadurch erleichtert, daß sie eine hochentwickelte Volkskunst mitbrachten, in der sie bereits seit Jahrhunderten einen der islamischen Einstellung verwandten Formwillen betätigt hatten. In ihren technisch vollendeten Goldschmuckarbeiten wurden Tiermotive in schrägem Flächenschnitt unter rhythmischer Auflösung des Organischen zu stark ornamentaler Wirkung gebracht, und gleichzeitig hatten sie an Zelt und Teppich, die das Um und Auf ihrer Wohnform bildeten, hervorragende textile Fähigkeiten entwickelt, die nun der islamischen Produktion neue Impulse gaben. Im

Holzschnitzerei im Louvre. Ägypten, 9. Jh.

Stucksockel aus Samarra. Iraq, 9. Jh.

Türkischer Schrägschnitt im Abbasidenstil

TAFEL 6

Pfostenverzierung vom Gokstadschiff in Oslo. Wikingerkunst des 9. Jh.

Ornament aus einem Codex in St. Gallen. Irland, 8. Jh.

Holzfüllung im Arabischen Museum in Kairo. Ägypten, 10. Jh.

Nordische und islamische Parallelen

9. Jahrhundert macht sich zuerst ihr Einfluß geltend in der Stuckverkleidung der abbasidischen Wohnbauten, im Schrägschnitt der flachen Reliefs sowohl wie im unendlichen Rapport der Muster. Sie haben ferner das geometrische Flecht- und Bandwerk erheblich bereichert und den Wappenstil im animalischen Dekor eingebürgert. Freilich, eine eigentlich repräsentative Kunst hatten sie nicht, und als sie im 11. Jahrhundert unter der Führung der Seldschuken sich als Herrenvolk in ganz Vorderasien durchsetzten, waren sie auf die Berufung fremdrassiger Meister angewiesen. Wie sehr ihnen diese Vermittlerrolle lag, kommt in dem von Byzanz losgerissenen Reich von Konia zum Ausdruck, wo durch Mitwirkung arabischer, syrischer, persischer, armenischer und griechischer Elemente eine Stilrichtung entsteht, die wesentlich durch diese Mischung und weniger durch die türkischen Zutaten charakterisiert wird, sich aber durchaus im Rahmen des islamischen Grundprogramms hält. Eine bedeutsame architektonische Initiative entfalteten die türkischen Herrscher durch Verbreitung des monumentalen Grabbaus im ganzen islamischen Orient, bedeutsam insofern, als sie die Beschäftigung mit dem Kuppelproblem in den Vordergrund stellte und schließlich in der osmanischen Periode zu den grandiosen Leistungen führte, die mit dem Namen Sinan verknüpft sind. In dieser letzten Epoche türkischer Macht- und Kunstentfaltung tritt die Annäherung an europäische Baugedanken immer stärker hervor, und allmählich zieht auch in die dekorativen Aufgaben abendländischer Geist ein, der im »türkischen Rokoko« den ersten entscheidenden Erfolg erringt, im Laufe des 19. Jahrhunderts sich siegreich behauptet und in der neuesten Phase zur bewußten Abkehr von der islamischen Vergangenheit führt.

Anders als bei den genannten drei großen Völkerkomplexen, die in ihrer Gesamtheit sich dem Islam verschrieben, war die Lage in Indien, wo durch das mohammedanische Bekenntnis ein großer Teil der Bevölkerung aus dem Zusammenhange mit seinen Rassegenossen gerissen und in eine weltanschaulich geradezu feindliche Sphäre abgelenkt wurde. Wie schmerzhaft diese Trennung war, lehren uns die ersten Denkmäler islamischer Kunst in Indien, die noch krampfhaft versuchen, bodenständige, hinduistische Formen den neuen Stilforderungen anzugleichen; im weiteren Verlauf wird die Entwicklung fast ganz vom iranischen Nachbarreich bestimmt, und erst im 16. Jahrhundert läßt Kaiser Akbars großzügige Kulturpolitik selbständige Bildungen zum Durchbruch kommen, die die Bedeutung eines nationalen Kunstprogramms gewinnen und sich vor allem in der Architektur und in der Miniaturmalerei auswirken.

Rassisch und sprachlich so grundverschiedene Völker wie Araber, Perser, Türken und Inder haben die Möglichkeit gefunden, in dem engen islamischen Rahmen ihre besonderen Fähigkeiten zu entfalten, obwohl sie, wie gesagt, durch die Bewegung in ihrem Eigenleben nicht gefördert, sondern vielfach gehemmt wurden. Und wenn schon für die politischen Grenzen der Einzelstaaten die völkische Zugehörigkeit selten bestimmend war, so treten hinsichtlich der künstlerischen Produktion die nationalen Unterschiede erst recht in den Hintergrund. Technische Errungenschaften werden mit überraschender Schnelligkeit von Land zu Land verbreitet, und auch formale Wandlungen verlieren bald ihre regionale Bedeutung. Araber waren es, die im islamischen Bereich der Kalligraphie und Ornamentik ihre Vorrangstellung schufen, aber zu einer so unerhörten, vielseitigen Entwicklung wäre es nie gekommen, wenn nicht Perser, Türken und Inder mit gleicher Meisterschaft Schriftdukten und Arabeskenwerk beherrscht hätten.

Nach dem Gesagten dürfte es sich erübrigen, die noch immer beliebte Wertung der islamischen Kunst als Ausdruck eines »semitischen« Rassenideals ausdrücklich zu widerlegen. Wie unzutreffend diese Einschätzung ist, zeigt besonders deutlich ein Vergleich mit der ihr räumlich so fernstehenden nordischen Kunst, deren Stilbildung sich in parallelen Bahnen bewegt und oft auffallend ähnliche Ergebnisse zeitigt. Sie kam aus anderen psychologischen Gründen ebenfalls zur Ablehnung der Bildkunst und zur Diktatur des Zierwerks, das auch hier dem Gesetz der absoluten Flächenfüllung ohne plastische Kontraste gehorcht. War die Naturferne der Motive im Islam bedingt durch die Geringschätzung der Erscheinungsformen, so wurde sie beim nordischen Menschen Ausdruck heiliger Scheu vor den kosmischen Dingen. Sicherlich stand der abgeklärte Rhythmus des gottergebenen Muslim in einem inneren Gegensatz zur dynamisch beschwingten Prosodie des mit seinem Schicksal ringenden Nordländers, aber in beiden Fällen führte die künstlerische Phantasie zu äußerlich übereinstimmenden Lösungen im Sinne der Stilisierung und Schematisierung der Gebilde. Diese Übereinstimmung läßt sich an Erzeugnissen beider Richtungen vom 8. bis ins 12. Jahrhundert verfolgen und tritt als gemeinsamer Gegensatz gegen die Kunst des christlichen Abendlandes überall klar hervor. Sie gibt gleichzeitig eine Erklärung für die verständnisvolle Sympathie, die die Normannen nach der Eroberung Siziliens der islamischen Zivilisation entgegenbrachten; ihnen als den letzten Wikingern mochte sie näher liegen als die ihrem nordischen Menschentum noch nach Generationen fremde fränkische Welt. Und die überragende Gestalt Kaiser Friedrichs II. gewinnt unter diesem Gesichtspunkte neue Bedeutung.

Zu den hier behandelten Problemen vergleiche man: M. Horten, Die Philosophie des Islam (München 1924). — L. Massignon, Les méthodes de réalisation artistique des peuples de l'Islam (Syria 2, 1921). — J. Strzygowski, Altai-Iran und Völkerwanderung (Leipzig 1917). — E. Kühnel, Nordische und islamische Kunst (Die Welt als Geschichte, Jahrg. 1, 1935, Heft 3).

INDIEN

VON

HEINRICH LÜDERS

21. Januar 1935

Die Indologie oder indische Philologie im weiteren Sinne, als die Wissenschaft von der indischen Sprache, der indischen Literatur, Geschichte und Kultur, kann in diesem Jahre ihr 150jähriges Jubiläum feiern. Im Jahre 1785 erschien die erste Übersetzung eines Sanskritwerkes aus dem Originaltexte, die Übersetzung der Bhagavadgītā von Wilkins. Ihr folgte bald die Übersetzung des indischen Fabelwerks des Hitopadeśa und der Śakuntalā von Jones, 1792 der erste Druck einer Sanskritdichtung in der Ursprache, des dem Kālidāsa zugeschriebenen Kreises der Jahreszeiten.

Nirgends wohl wurden diese Erzeugnisse indischer Dichter mit größerem Enthusiasmus aufgenommen als in Deutschland. Wilhelm von Humboldt erklärte die Bhagavadgītā als das schönste, ja vielleicht das einzige wahrhaft philosophische Gedicht, das alle uns bekannten Literaturen aufzuweisen haben; an Friedrich von Gentz schrieb er, sein beständiges Gefühl beim Lesen der Dichtung sei Dank gegen das Geschick gewesen, daß es ihn habe leben lassen, um dieses Werk noch kennenzulernen. Goethe, später allem Indischen so abhold, begrüßte die Śakuntalā in fast überschwenglichen Distichen.

Die Brüder Schlegel und Franz Bopp nahmen das Studium des Sanskrit auf. August Wilhelm von Schlegel ward 1818 an der neugegründeten Universität Bonn die erste deutsche Sanskritprofessur übertragen, Bopp wurde 1821 nach Berlin berufen; 1826 wurden Lehrstühle für Sanskrit in München, Erlangen und

Königsberg errichtet und allmählich dann an fast allen deutschen Universitäten.

Es war nicht das Interesse an der indischen Literatur und Kultur allein, was dazu bewog. Die Sprache, in der die alten literarischen Denkmäler abgefaßt waren, das Sanskrit, erregte um ihrer selbst willen Interesse.

Schon einem der ersten Europäer, die das Sanskrit in Indien kennengelernt hatten, dem Italiener Philippo Sassetti am Ende des 16. Jahrhunderts war eine Ähnlichkeit zwischen dem Sanskrit und dem Italienischen aufgefallen, aber erst 200 Jahre später, 1786, sprach Willam Jones als erster mit voller Bestimmtheit den genealogischen Zusammenhang zwischen dem Sanskrit, dem Griechischen und dem Lateinischen, mit geringerer mit dem Gotischen, Keltischen und Persischen aus, und er erkannte auch bereits den richtigen Grund, die Abstammung von einer gemeinsamen Quelle, die vielleicht, wie er sagte, nicht mehr existiere. William Jones hat seinen Gedanken nicht weiter verfolgt; Franz Bopp hat auf dieser Erkenntnis eine neue Wissenschaft aufgebaut, die vergleichende indogermanische Sprachwissenschaft.

Leitend waren beim Ausbau der neuen Wissenschaft zunächst die altindische Sprache, das Sanskrit, mit seinem wunderbar klaren, durchsichtigen Formenreichtum, und die altindischen Grammatiker, die schon viele Jahrhunderte vor dem Beginn unserer Zeitrechnung angefangen hatten, ihre heilige Sprache zu analysieren und in der Erkenntnis ihrer Bildung weit über alles hinausgekommen waren, was die Griechen geleistet hatten. Sie hatten sogar schon eine Phonetik geschaffen, die erst in unsern Tagen im Westen neu begründet wurde. So war die vergleichende Sprachwissenschaft gewissermaßen das erste Geschenk, das das neuentdeckte Indien der deutschen Wissenschaft darbrachte, ein Geschenk, das an Bedeutung noch gewann, als durch Jacob Grimms historische Auffassung der Sprache der entwicklungsgeschichtliche Gesichtspunkt auch in der vergleichenden Sprachwissenschaft sich mehr und mehr durchsetzte. Durch die Vergleichung des tatsächlich Erhaltenen suchte man zu der gemeinsamen Quelle, der sogenannten indogermanischen Ursprache, vorzudringen und damit in eine Zeit, die vor aller geschichtlichen Überlieferung liegt. Wenn die Inder den Himmelsgott Dyauṣ pitā nennen, die Griechen von Ζεὺς πατήρ, die Lateiner von Jupiter sprechen, so beweist das unwiderleglich, daß das Volk, das die indogermanische Sprache redete, den Himmel als *di̯ēus* bezeichnete und ihn vergöttlicht als Vater verehrte. Oder wenn das Pferd im Sanskrit *aśvas*, im Lateinischen *equus*, im Gotischen *aihva-* heißt, so können wir daraus folgern, daß die Indogermanen das Pferd unter dem Namen *ek̂uos* kannten. So gibt uns die vergleichende Sprachwissenschaft die Möglichkeit, in gewissen durch das Material bedingten Grenzen die Kultur des indogermanischen Urvolkes zu erschließen. Freilich bietet sie uns nur Wörter und bedarf daher der Ergänzung durch die Prähistorie, die ihrerseits nur mit sachlichen Funden arbeitet, und weiter durch die Volks- und Rassenkunde. Aus dem engeren Zusammenarbeiten dieser Disziplinen, das bereits eingesetzt hat, ist für die Zukunft der Fortschritt der Erkenntnis zu hoffen.

Am Sanskrit ist die vergleichende Sprachwissenschaft erwachsen, und es ist begreiflich, daß zunächst und noch für geraume Zeit beide Wissenszweige auf den deutschen Lehrstühlen in einer Hand vereinigt blieben. Allein das Sanskrit wuchs sich allmählich zur indischen Altertumskunde aus, und die Sprachwissenschaft zog immer mehr die Gesamtheit der indogermanischen Sprachen in den Kreis ihrer Betrachtung, so daß es heute dem einzelnen nicht mehr möglich ist, beide Disziplinen zu vertreten. Leider hat das dazu geführt, das die Tochter die Mutter zu verdrängen droht. Während heute die vergleichende Sprachwissenschaft wohl auf allen deutschen Universitäten einen Vertreter hat, fehlt vielen die Indologie. Wir bedauern das auch im nationalen Interesse, zumal wir nicht ohne einen Anflug von Neid sehen, wie unsere Nachbarn überm Rhein und jenseits der Alpen sich bemühen, die Orientalistik in der großzügigsten Weise zu fördern. Die deutschen Indologen, die lange die Führung in der Wissenschaft hatten, haben durch ihre Arbeit die erfolgreichste Kulturpropaganda für Deutschland getrieben. Gestatten Sie mir als Beweis dafür ein kleines Erlebnis anzuführen. Vor 7 Jahren weilte ich in einem abgelegenen kleinen Dorfe in Südindien, um einen dort befindlichen eigenartigen Tempel zu besuchen. In der Nähe war eine Mühle. Am Eingang saß der Eigentümer, an der Schnur, die er über der Schulter trug, als Brahmane kenntlich, und nahm das Getreide, das die Leute zum Mahlen brachten, in Empfang. Ich trat zu ihm und ließ mir seine Mühleneinrichtung erklären, und im Laufe des Gespräches fragte er mich, woher ich käme. Als er hörte, daß ich ein deutscher Professor sei, stand er auf und sagte, dann wolle er mir die Hand schütteln; die deutschen Gelehrten hätten soviel für Indien getan, und er reichte mir die Hand. Man muß wissen, was es für einen indischen Brahmanen bedeutet, einem Europäer die Hand zu geben!

Die Indologie umfaßt das gesamte indische Leben von seinen Anfängen bis auf den heutigen Tag; sie sucht es aber in seiner geschichtlichen Entwicklung zu erfassen, und das bringt es mit sich, daß sie sich wesentlich mit den älteren Epochen befaßt, die für das Werden der indischen Kultur entscheidend waren. Aber auch wenn sie sich mit Vorliebe der ältesten, der vedischen Zeit zuwendet, so beschäftigt sie sich keineswegs mit etwas, was heute als tot und abgetan bezeichnet werden könnte. Noch heute werden die heiligen Texte bis auf den letzten Buchstaben und den letzten Akzent genau so rezitiert wie vor 3000 Jahren. Noch heute murmeln bei Sonnenaufgang Hunderttausende das Gebet, das einst ein vedischer Seher schaute. Noch heute gilt der Veda, wenn auch oft mißdeutet oder mißverstanden oder gar nicht verstanden, als Offenbarung des Göttlichen. Dem indischen Volkscharakter wohnt ein starker konservativer Zug inne, der aber keineswegs zu geistiger Starrheit und Leblosigkeit geführt hat. Indien hat im Laufe der Jahrhunderte mehr Religionen auf seinem Boden entstehen sehen als irgendein andres Land der Erde; es hat die verschiedensten und tiefsten philosophischen Systeme hervorgebracht. Aber es ist, als ob in Indien eine Idee, die einmal gefaßt und weitere Verbreitung gefunden, niemals wieder zugrunde gehen könnte. Sie bleibt bestehen und verbindet sich mit den neuen Ideen in einer uns oft schwer begreiflichen Weise.

Als sich zum Beispiel die Anschauung durchgerungen hatte, daß die Erlösung nicht durch das Opfer, sondern nur durch das Wissen gewonnen werden könnte, da, sollte man erwarten, wäre das Opfer als überflüssig beseitigt. Aber die Opfervorschriften bleiben für den, der nach der Erlösung durch die Erkenntnis strebt, noch genau so bindend wie vorher.

Altererbt ist die Verpflichtung, den Geistern der Verstorbenen in regelmäßigen Zeitabständen Nahrung zu bieten. Als der Glaube an die Wiedergeburt der Abgeschiedenen in einem neuen Leibe aufkam, hätte folgerichtig dieser Brauch verschwinden müssen. Aber noch heute bringt jeder das Manenopfer dar, obwohl das Dogma von der Wiedergeburt oberster Glaubenssatz ist. Man hilft sich dann wohl mit der Annahme einer Zwischenstufe des Daseins.

Hinduismus und Buddhismus betonen gleichmäßig den Satz, daß jeder die Frucht seiner Tat in diesem oder jenem Leben genießen müsse, und doch machen Hindus und Buddhisten fromme Stiftungen, um das Verdienst von Eltern oder andern Verwandten zu erhöhen.

Diese eigentümliche Denkweise schafft oft eine verwirrende Fülle, die nur durch die historische Analyse begreiflich gemacht werden kann.

Dazu kommt ein anderes. Der Inder hat bis jetzt wenig Verständnis für Geschichte gezeigt. Erst in der neuesten Zeit hat sich das unter dem Einfluß westlicher Wissenschaft geändert. Ich möchte dem Inder allerdings nicht, wie es oft geschieht, jeglichen historischen Sinn abstreiten. Dem widersprechen die Tausende von Inschriften, die sich über das Land verstreut finden, und die oft in großer Ausführlichkeit von den Taten der Fürsten berichten. Sie sind aber auch fast die einzige Quelle, aus der wir die Geschichte des alten Indiens zusammenstücken müssen. Eine geschichtliche Literatur fehlt fast gänzlich; nur Kaschmir kann sich rühmen, eine umfangreiche Chronik zu besitzen. So ist es nicht weiter verwunderlich, daß auch die ältere Literatur, die wissenschaftliche wie die schöne Literatur, die religiöse wie die philosophische, einer traditionellen Datierung fast gänzlich entbehrt. Als die westliche Gelehrtenwelt die indische Literatur kennenlernte, sah sie sich einer ungeheuren Masse von zeitlich unbestimmten Schriften gegenüber, und es galt zunächst, nach sprachlichen und sachlichen Indizien eine chronologische Ordnung herzustellen. Diese Arbeit ist auch heute noch keineswegs abgeschlossen; es ist aber doch wenigstens eine relative Aufeinanderfolge festgestellt, so oft es auch noch an einer absoluten Datierung mangelt.

Am Anfang der Literatur steht ein Werk, von allem Folgenden durch einen erheblichen Zeitabstand geschieden, der sogenannte Ṛgveda, das älteste literarische Denkmal eines indogermanischen Volkes. Es ist eine Sammlung von mehr als 1000 Liedern, die größtenteils beim Opfer verwendet und an die Götter eines Volkes gerichtet sind, das sich selbst als Āryas, als Arier, bezeichnet. Es liegt in der Natur der Sache, daß wir am genauesten über die religiösen Anschauungen dieses Volkes unterrichtet werden, aber bei der Fülle des Materials können wir den Liedern doch auch vieles über die allgemeinen Kulturverhältnisse entnehmen. Zur Zeit der vedischen Lieder sitzen die Arier noch wesentlich im Lande der sieben Ströme, d. h. am Indus und im Panjab. Wie weit sie nach Osten in die Gangesebene und nach Süden vorgedrungen sind, läßt sich nicht genau feststellen. Das Meer, der indische Ozean, ist ihnen bekannt, spielt aber in den Liedern keine große Rolle. Unzweifelhaft sind sie von Norden eingewandert. Wir hören beständig von Kämpfen gegen die Ureinwohner, die Dāsas, von denen sich die Arier vor allem durch die Hautfarbe unterscheiden; die Arier sind hell, die Ureinwohner sind dunkel. Das arische Volk zerfällt in eine Reihe von Stämmen, an deren Spitze im allgemeinen ein Rājan, ein König, steht. Auch die arischen Stämme liegen vielfach im Kampf miteinander; man streitet um Wasser, um Land, um Rinderherden. Es herrscht durchaus ein kriegerischer Geist und der Drang sich auszubreiten; immer wieder werden die Götter gebeten, weiten Raum zu schaffen und männliche Nachkommenschaft zu verleihen. Des weiten Raumes bedurfte man aus wirtschaftlichen Gründen. Selbstverständlich trieb man auch Ackerbau; man baute Gerste, aber noch nicht den Reis, der erst später das eigentliche Getreide

Indiens werden sollte, aber in viel höherem Maße war der arische Inder ein Viehzüchter. Wenn man den gelegentlichen Zahlenangaben auch nur einigermaßen trauen darf, müssen die Arier gewaltige Rinderherden gehalten haben, viel größere, als des Lebens Notdurft zu erfordern scheint. Daneben blüht die Pferdezucht. Das Roß gilt als das edelste Haustier; das vornehmste Opfer, das den Göttern dargebracht wurde, war das Roßopfer. Man spannte das Pferd vor den Streit- und Rennwagen; der Lastwagen war mit Ochsen bespannt. Wagenrennen war der Sport, den der vedische Arier mit Leidenschaft betrieb. Und nicht weniger leidenschaftlich huldigte man dem Würfelspiel; man ging oft so weit, die eigene Person aufs Spiel zu setzen. Das Leben spielte sich im Dorfe ab, wo der vedische Arier aus Holz sein Haus errichtete. Am Sitze der Rājan mögen die Dörfer größeren Umfang gehabt haben, von einer wirklichen städtischen Kultur kann keine Rede sein.

Es ist nicht zu verkennen, daß die Kulturverhältnisse der ṛgvedischen Zeit in mancher Hinsicht an die der Germanen zur Zeit des Tacitus erinnern. Die Übereinstimmung erstreckt sich gerade auch auf Einzelheiten. Ich brauche Sie nur daran zu erinnern, daß auch die Germanen nicht in Städten, sondern in Einzelgehöften und Dörfern lebten, daß sie ihre Häuser nicht aus Stein oder Ziegeln, sondern aus Holz erbauten, daß bei ihnen dieselbe Spielleidenschaft herrschte, die bis zum Einsetzen der eigenen Person führte. Bei den Germanen wurde wie bei den Indern aus dem Wiehern des Pferdes geweissagt, ganz abgesehen davon, daß auch bei den Germanen das Pferd den Göttern geopfert wurde. Bei den Germanen und Indern konnte für den Erschlagenen eine Buße entrichtet werden, deren Bezeichnung sogar bei beiden Völkern zusammenhängt, ahd. *wergelt*, sk. *vaira.*

Es lassen sich noch zahlreiche derartige Übereinstimmungen anführen, im einzelnen wie im allgemeinen; sie können nicht auf Zufall beruhen. Allein es wäre falsch, daraus den Schluß zu ziehen, daß Germanen und vedische Arier in besonders nahen Beziehungen zueinander gestanden hätten. Der Grund solcher Übereinstimmungen wird vielmehr im allgemeinen der sein, daß beide Völker altes Erbgut aus indogermanischer Zeit bewahrt haben. Als sicher kann dieser Schluß allerdings nur dann gelten, wenn sich die gleiche Sache auch bei den übrigen indogermanischen Völkern nachweisen läßt oder sprachliche Gleichungen ergänzend hinzutreten; sonst besteht die Möglichkeit selbständiger Entwicklung.

Auf wesentlich sichererem Boden stehen wir, wenn wir durch Vergleichung von Veda und iranischen Quellen wie dem Avesta und den altpersischen Inschriften die vorgeschichtliche sogenannte arische Periode rekonstruieren. Sprachliche Übereinstimmungen beweisen unwiderleglich, daß die Arier vor ihrer Einwanderung nach Indien mit den Vorfahren der Iranier zusammen ein Volk bildeten, das sich selbst schon als Arier bezeichnete. Das Bild, das wir auf vergleichendem Wege von dieser indoiranischen oder urarischen Kultur entwerfen können, zeigt viel festere Umrisse, und das gilt insbesondere auch von der urarischen Religion, von der man im allgemeinen wohl sagen kann, daß sie sich im Ṛgveda in ursprünglicherer Form erhalten hat als in Iran, wo sie besonders durch die Reform des Zarathuštra stark verändert wurde.

In der Religion der vedischen Arier fällt sofort ein charakteristischer Unterschied von denen anderer gleichzeitiger Kulturen, z. B. der mesopotamischen und ägyptischen auf. Der mesopotamische, der ägyptische Gott hat ein Haus und einen festen Bezirk, in dem er waltet. Ellil mag der 'Herr des Windes' heißen; jedenfalls ist er der Stadtgott von Nippur, wo er seinen Tempel hat, und der assyrische Nationalgott Aššur verdankt der politischen Entwicklung seinen Aufstieg von dem kleinen Lokalgott der Stadt Aššur. Die vedischen Arier kennen keine Tempel, was übrigens Tacitus auch von den Germanen berichtet. Sie kennen daher auch keine ortgebundenen Götter. Ihre Götter sind universale Götter, die sich frei durch Himmel, Luftraum und Erde bewegen. Sie erscheinen, wo sie wollen oder wohin der Beter sie ruft, um das Opfer zu empfangen, wenn der Verehrer es nicht vorzieht, es ihnen in den Flammen des Opferfeuers an ihren himmlischen Wohnsitz zu senden. So zahlreich sie sind, sie sind nicht die Götter einzelner Stämme, die sich gegenseitig in ihrem

Machtbereich beengen; Indra, den Schlachtengott, heißt es ausdrücklich, rufen beide Heerhaufen zu Beginn des Kampfes an. In Holz oder Stein werden die Götter nicht dargestellt; man denkt sie sich in menschlicher Gestalt, aber noch frei von jener phantastischen Formengebung, wie wir sie in späterer Zeit finden.

Die vedische Religion ist keine Naturreligion. Nur zu einem kleinen Teile sind die Götter die Wirker in und hinter den Naturphänomenen, so Agni, der Gott des Feuers, Sūrya, der Sonnengott, Uṣas, die Morgenröte, auch Soma, der Gott des Rauschtranks, des Lebenselixiers. Andre mögen einen ähnlichen Ursprung gehabt haben, aber sie haben ihn längst verloren. Indra mag in ferner Vorzeit einmal der Gewittergott gewesen sein, für die vedischen Dichter ist er der Schlachtengott, der die Dämonen wie die Ureinwohner erschlägt und den Kampf mit dem Weltendrachen besteht. Die beiden Aśvins, die Söhne des Himmels, gehen bis in die indogermanische Zeit zurück, denn sie sind zweifellos mit den Dioskuren und den lettischen Gottessöhnen identisch. Was immer ihr Ursprung gewesen sein mag, im Veda sind sie nichts weiter als freundliche Nothelfer. Andere zahlreiche Götter sind Personifizierungen abstrakter Begriffe, so Varuṇa, der Gott, der über den Eid wacht, Mitra, der Gott der Verträge, Aryaman, der Gott der Sippen- und Stammesgenossenschaft, Bhaga, der Glücksgott.

Über allen waltet als höchste Macht das Ṛta, die Wahrheit. Das Ṛta ist der Mittelpunkt der vedischen Religion; ihm dient die Götter- wie die Menschenwelt. Diese Stellung verdankt die Wahrheit dem uralten Glauben an die magische Wirkung der wahrgesprochenen Rede. Vor dem wahrgesprochenen Worte springen die Felsen auf und geben ihre Schätze heraus; die Wahrheit, die sich im Kultliede verkörpert, zwingt selbst die Götter in den Willen des Sprechers. Der Glaube an die magische Kraft der Wahrheit wird dann aufs höchste gesteigert. Die Wahrheit regelt das kosmische Geschehen. Durch die Wahrheit geht die Sonne auf, durch die Wahrheit strömen die Wasser und steht die Erde fest, die ganze Welt verdankt ihr Entstehen und ihr Sein der Wahrheit. Und wie im Kosmos so herrscht das Gesetz der Wahrheit in der Menschenwelt. Dem nach der Wahrheit Strebenden strömt die Fülle irdischen Segens, den Lügner trifft die Strafe. Wo immer von Schuld oder Sünde im Ṛgveda die Rede ist, ist die durch Lug und Trug und Verrat geschaffene gemeint. Den Schuldigen fesselt Varuṇa, der Eidgott, mit seinen Schlingen und bringt ihm den Tod. Personifiziert ist das Ṛta nicht, wohl aber gewissermaßen materialisiert worden; im höchsten Himmel, im Lebensquell, ruht es in ewiger sonnenhafter Klarheit.

Es soll nicht geleugnet werden, daß der vedischen Vorstellung vom Ṛta noch ein gut Stück primitiven Zauberglaubens anhaftet, aber es kann anderseits auch nicht bestritten werden, daß ihr ein ethischer Gehalt von beträchtlicher Höhe zukommt. Die ganze Vorstellung vom Ṛta ist aber nicht erst in Indien entstanden. Sie ist nicht indogermanisch, wohl aber ist sie urarisch, das heißt sie geht in die Zeit zurück, da Inder und Iranier noch ein Volk bildeten, denn das Ṛta erscheint in der iranischen Namensform als Aša auch im Avesta und nimmt dort eine ähnlich hohe Stellung ein.

Die ältere Generation war geneigt, in dem Ṛgveda fast oder geradezu ein indogermanisches Buch zu sehen, das Liederbuch eines Naturvolkes, von dem man von vornherein annahm, daß es mit allen liebenswürdigen menschlichen Eigenschaften ausgestattet sein müsse. Das war grundfalsch. Soviel altes indogermanisches Erbgut auch im Ṛgveda enthalten sein mag, von der indogermanischen Periode ist es durch einen langen Zeitraum getrennt. Die urarische Periode liegt näher, aber auch sie kann nur erschlossen werden, und wir dürfen nicht alles, was wir im Ṛgveda finden, ohne weiteres für urarisch erklären. Es werden sicherlich nach der Trennung der Inder und Iranier in Indien wie in Iran Umbildungen und Neuerungen eingetreten sein. Anderseits ist aber die Reaktion gegen die alte Auffassung weit über das Ziel hinausgeschossen, wenn sie den Unterschied zwischen der ṛgvedischen und der späteren Zeit völlig zu verwischen suchte.

Nicht nur das religiöse Denken, die gesamte Lebensauffassung der späteren Zeit ist eine andere; der vedische Arier ist zum Hindu geworden. Das hängt mit der Ausbreitung der Arier zusammen. Im Laufe der Zeit besiedeln die arischen Einwanderer das ganze weite Gebiet der nordindischen Ebene und dringen sogar noch weit nach Süden vor, überall den Urbewohnern ihre Sprache und ihre Einrichtungen aufzwingend. Nur in den Bergwäldern des Vindhya in Zentralindien und im südlichen Teile des Deccan haben sich die Sprachen und bis zu einem gewissen Grade auch die Kultur der ursprünglichen Bewohner bis auf den heutigen Tag erhalten. Natürlich war eine Vermischung des Blutes unvermeidlich, wenn sie auch nicht überall in gleichem Maße eintrat. In den ältesten Sitzen der Arier, im Panjab, in Kaschmir, in Rajputana ist auch heute noch die arische Rasse am reinsten vertreten. Es konnte auch nicht ausbleiben, daß mancherlei von den fremden Vorstellungen in die arische Gedankenwelt eindrang. Längst hat man vermutet, daß gewisse Erscheinungen in späterem Hinduismus auf Entlehnung von den Ureinwohnern, sei es den Munda, sei es den dravidischen Volksstämmen, beruhen. Aber das waren nichts weiter als mehr oder weniger vage Vermutungen und konnten nichts anderes sein, da wir über die Kultur jener nichtarischen Völker in vorgeschichtlicher Zeit so gut wie nichts wußten.

Das hat sich durch die überraschenden Entdeckungen, die man in den letzten Jahrzehnten im Induslande gemacht hat, geändert. Man hat hier in Mohenjodaro am Indus und in Harappa im Panjab die Überreste einer vorgeschichtlichen Stadtkultur boßgelegt, die der chalkolithischen Periode angehört. Es sind ausgedehnte Städte, aus Ziegeln erbaut, mit einer fast modern anmutenden Kanalisation. Zahllose Kleinfunde ermöglichen es uns, das Leben, das hier herrschte, zu erschließen. Unter ihnen sind die wichtigsten Figuren und Embleme von Göttern und nach Tausenden zählende Siegel, auf denen meist ein Tier, aber auch mythologische Wesen dargestellt sind, von einer Inschrift in Bilderschrift begleitet. Die Siegel gestatten auch eine Datierung dieser sogenannten Induskultur, denn eine Anzahl gleichartiger Siegel haben sich in Mesopotamien wiedergefunden, wo eine genauere Chronologisierung möglich ist. Die Induskultur hat sich danach von etwa 3000 bis 2500 v. Chr. erstreckt. Die Erforschung dieser

Kultur steckt noch in ihren Anfängen; wir können heute noch nicht übersehen, zu welchen Ergebnissen sie führen wird. Allein drei Tatsachen können doch heute schon als gesichert gelten.

Das vorgeschichtliche Indien ist aus seiner scheinbaren Isoliertheit gelöst. Parallelfunde beweisen, daß sich die Induskultur über das ganze Indusgebiet und bis nach Baluchistan hinein erstreckte. Daß zum mindesten ein Handelsverkehr nach Mesopotamien bestand, wird durch die erwähnten Siegelfunde bewiesen. Er muß aber auch bis Turkestan und tief nach Südindien hinein bis Mysore gegangen sein, da dies die nächsten Fundstätten für Edelsteine sind, die sich zu Schmuckstücken verarbeitet in Mohenjodaro gefunden haben.

Es ist ferner sicher, daß die Induskultur nicht arisch war. Die vedischen Arier kennen den Ziegelbau nicht. Erst in viel späterer Zeit sind sie vom Holzbau zum Stein- und Ziegelbau übergegangen, und die frühesten Steinbauten lassen noch deutlich erkennen, daß ihre Vorbilder Holzbauten waren. Ebensowenig kannten die vedischen Arier, wie schon vorhin erwähnt, Städte. Unter den Tieren aller Art, die auf den Siegeln oder als Tonfigürchen dargestellt sind, fehlt ferner das Pferd. Die Indusleute haben also augenscheinlich das Pferd, das mit der arischen Kultur unlöslich verbunden ist, nicht gekannt. So wird es höchst wahrscheinlich, daß es gerade die Arier waren, die der Induskultur ein Ende bereiteten. Allerdings setzte man bisher den Einbruch der Arier meist um ein Jahrtausend später an, aber dieser Ansatz beruht auf völlig unsicherer Schätzung und längst haben sich Stimmen für ein älteres Datum erhoben. Welcher Rasse, welchem Volksstamm die Träger der Induskultur angehörten, ist heute noch völlig unklar. Sicherheit würde darüber wohl nur zu erlangen sein, wenn es einmal gelingen sollte, die Bilderschrift der Siegel zu entziffern. Vorläufig besteht wenig Aussicht dafür.

Als sicher sehe ich ferner an, daß der Hinduismus von den religiösen Vorstellungen der Indusleute beeinflußt worden ist. Die Funde beweisen, daß die Indusreligion den Phallusdienst kannte. Die vedische Religion kennt ihn nicht; im Gegenteil, im Ṛgveda wird von den Ureinwohnern, die den Phallus verehren, mit Abscheu gesprochen. Der Hinduismus hat die Verehrung des Phallus adoptiert. Noch heute finden sich die Kultsymbole auf Schritt und Tritt im Lande. Eng mit dem Phallusdienst ist die Verehrung des Śiva verbunden, in dem man schon früher die Vermischung des vedischen Rudra mit einem Gotte der Ureinwohner vermutet hatte. In Mohenjodaro hat sich die Darstellung eines Gottes gefunden, die das völlig bestätigt. Aus den Siegeln geht hervor, daß die Indusleute einen Baumkultus hatten; Spuren der Baumverehrung finden sich auch im Ṛgveda. In der Indusreligion wurde insbesondere der Pipalbaum verehrt, der heute jedem Inder heilig ist, und wenn er in buddhistischen Ländern heute als der Baum verehrt wird, unter dem dem Meister die Erleuchtung zuteil ward, so wissen wir jetzt, daß er längst schon Verehrung genoß, ehe der Buddha auf Erden wandelte. So haben die Grabungen im Induslande, obwohl erst ein kleiner Teil der Ergebnisse zugänglich gemacht und noch viel weniger verarbeitet ist, in ganz ungeahnter Weise den Einblick in das vorgeschichtliche wie das geschichtliche Indien vermehrt.

Die Wechselwirkung der arischen und der nichtarischen Kultur innerhalb Indiens wird lebhaft genug gewesen sein, im übrigen hat sich die indische Kultur fast ohne Einwirkung von außen entwickelt und gerade darum kann sie unser Interesse in so hohem Maße beanspruchen. Indien ist allerdings in historischer Zeit nicht völlig von der Außenwelt abgeschlossen gewesen. Das nordwestliche Indien, besonders das Panjab und das Indusland, hat wiederholt unter der Herrschaft der nichtindischen Nachbarn gestanden. Unter den Achämeniden bildete das Land der sieben Ströme die zwanzigste und reichste Satrapie des Persischen Reiches. Alexander stieß bis zum Hyphasis vor. Die makedonischen Eroberungen gingen bald nach seinem Tode wieder verloren, aber in der Folgezeit machten griechische und parthische Fürsten, iranische und zentralasiatische Stämme wie die Saken und die Kuṣāns und schließlich die Hunnen immer wieder Vorstöße bis in die nordindische Ebene und den westlichen Deccan hinein und gründeten dort Reiche von wechselnder Dauer. Dazu kommt der Handelsverkehr mit den Ländern des Westens, der sich insbesondere in der römischen Kaiserzeit sehr lebhaft gestaltete. Diese Berührungen mit der außerindischen Welt sind auch nicht ganz spurlos vorübergegangen. Die Inder haben die griechische Astronomie kennen gelernt und aus ihr gelernt, und die persische Kunst und die Spätantike haben der indischen Kunst Formen geliefert, das eigentliche Geistesleben Indiens aber ließen sie unberührt. Sie waren weder dauernd noch intensiv genug; in den meisten Fällen wurden umgekehrt die fremden Eroberer schnell hinduisiert. Daran hat auch das Eindringen des Islams nichts geändert, das nach einem kurzen Vorspiele mit dem ersten Raubzug des Mahmud von Ghazni im Jahre 1000 begann und zu der Begründung des Moghulreiches in Delhi im 16. Jahrhundert führte. Es war das folgenschwerste Ereignis in Indiens Geschichte, in der Unabänderlichkeit seiner Nachwirkungen vielleicht noch einschneidender als die Besitzergreifung des Landes durch die Engländer. Hier trafen zwei tief in das ganze Leben eingreifende Religionen aufeinander, so grundverschieden in ihrem innersten Wesen, daß sie sich nicht mischen konnten, sowenig wie Feuer und Wasser. Zu zahlreich und zu fest in ihrem Glauben verwurzelt, um wie andere Eroberer allmählich im Hinduismus aufzugehen, hatten die Moslims doch nicht die Macht, die ganze Bevölkerung zu bekehren, und so war und ist noch heute Indien durch die Religion in zwei Lager geschieden; alle Versuche, einen Ausgleich zu finden, haben bis jetzt nur vorübergehenden Erfolg gehabt. Für die Gestaltung der Hindukultur ist aber der Islam ohne Einfluß geblieben; sie war längst konsolidiert, als der Islam mit ihr zusammentraf. Auch die Berührung mit der westlichen Kultur, die unter der englischen Herrschaft eintrat, beginnt sich erst in der neuesten Zeit fühlbar zu machen.

Charakteristisch für die indische Kultur ist die tiefe Religiosität, die sie durchdringt. Die Religion bestimmt das Verhalten des Menschen in tausend Einzelheiten des täglichen Lebens. Aber die religiösen Vorstellungen sind keineswegs einheitlich; sie waren und sind noch heute viel differenzierter als sie es je im christlichen Abendland gewesen sind. Gemeinsam sind allen Glaubensformen, die man unter den etwas vagen Namen Brahmanismus und Hinduismus zusammenfaßt, zwei Ideen, die Idee von der Wiedergeburt und die Idee von der Tat. Der vedische Arier kannte die Wiedergeburt noch nicht. Hundert der Herbste zu leben, umringt von Kindern und Enkeln, das war der Wunsch des Ārya der Lieder gewesen, und wenn das Leben zu Ende war, so hoffte er in lichte himmlische Räume einzugehen, wo Lust und Freud und Fröhlichkeit und Wonne wohnen, wo Wünsche, die der Wünschende gehegt, Erfüllung finden. Man hat die Idee von der ständigen Wiedergeburt als eine Entlehnung aus nichtarischem Glauben erklären wollen; dafür fehlt jedenfalls vorläufig jeder Beweis. Es scheinen mir auch Anzeichen dafür zu sein, daß sie zunächst in freundlicher Form auftrat, als eine erwünschte Wiederkehr auf diese Erde. Es ist aber richtig, daß allmählich der Gedanke an die Vergänglichkeit alles Irdischen überwiegt und das Glück des Immer-wieder-Geborenwerdens in das Leid des Immer-wieder-Sterben-müssens verkehrt. Das Gesetz der Wiedergeburt greift auch in die jenseitigen Welten hinüber. Die Existenz der alten Götter wird nicht angetastet, aber auch die Götter sind dem unabänderlichen Wechsel von Entstehen und Vergehen unterworfen. Sie sind unendlich mächtiger als der Mensch, aber auch ihre Macht zerbricht unter dem ehernen Rade des Saṃsāra.

Die Idee von der Wiedergeburt wird alsbald mit der Idee von der sittlichen Vergeltung, der Idee von der Tat verbunden, wobei Tat im weitesten Sinne als ein Ausdruck für alles genommen werden muß, was der Mensch getan, geredet, gedacht, gewollt hat. 'Rein, glücklich, wird man durch reine Tat, böse, unglücklich, durch böse Tat'; das ist die älteste Form, in der die Idee von der Tat ausgesprochen wird. Dieser Gedanke, daß jede Tat, sei sie gut oder böse, ihren Lohn oder ihre Strafe in der nächsten Existenz finden muß, ist für das ganze indische Leben von höchster Bedeutung geworden. Es war damit nicht nur eine Erklärung für persönliches Leid, das dem Menschen zustößt, gegeben. Auch alle sozialen Ungleichheiten waren damit für den Betroffenen als selbstverschuldet erklärt und zugleich war ihm eine Hoffnung gegeben, seine Stellung durch sittliches Verhalten für die nächste Geburt zu verbessern. So sind diese beiden Lehren im Verein nicht nur ein starker Antrieb zu sittlichem Handeln geworden, sie haben auch jede Auflehnung gegen die furchtbaren Ungerechtigkeiten, die die Kastenordnung mit sich brachte, unterdrückt.

Allein wenn es dem Menschen auch in die Hand gelegt ist, selbst sein künftiges Schicksal zu gestalten, so bleibt er doch im ewigen Kreislauf des Saṃsāra befangen, und sobald der als leidvoll empfunden wurde, mußte der Wunsch Platz greifen, aus ihm herauszukommen. Die Idee der Erlösung rückte in den Vordergrund des Denkens. Den Weg dahin fand man im Anschluß an die Gedanken, die sich in der Opfermystik der auf den Ṛgveda folgenden Periode herausgebildet hatten. Die brahmanische Spekulation hatte immer mehr in die Opferbräuche hineingeheimnist und sie lehrte, daß nur dem der volle Lohn des Opfers zu teil werde, der um diese Geheimnisse weiß. So ward das Wissen zu einer magischen Macht, mit der man sich alles untertan und zu eigen machen konnte, wie es früher die wahre Rede gewesen war. Gab aber das Wissen solche Macht, so mußte die Erkenntnis des Einen, vom Wechel Unberührten auch über Geburt und Tod hinausführen, und nach mannigfachen Anläufen fand man das Ewige in der eigenen Seele und die Erlösung in dem Wissen von ihrer Identität mit der unendlichen göttlichen Kraft: *tat tvam asi*, 'das bist du'. Wer das erkannt hat, ist dem Saṃsāra entrückt.

Auf dem so vorbereiteten Boden ist der Buddhismus entstanden. Die Wiedergeburt, die Lehre von der Tat, die Erlösungsidee und die Erkenntnis als Mittel der Erlösung hat der Buddha übernommen. Viel schärfer als der Brahmanismus wird aber im Buddhismus das Leiden des irdischen Daseins betont. Die Grundstimmung, von der der Buddhismus ausgeht, ist Pessimismus. Der Buddha forderte daher auch die völlige Loslösung von der Welt. Im Brahmanismus bildete das Streben nach der Erlösung den Ausklang des Lebens; das letzte Ziel sollte erst im Alter verwirklicht werden, für die Jugend und das Mannesalter war ein tätiges Leben, das Studium des Veda und die Begründung einer Familie vorgeschrieben. Der Buddha stiftete einen Mönchsorden, in den alt und jung eintreten konnte.

Der Buddhismus erkannte überhaupt kein Sein, nur ein Werden an. Er konnte daher auch keine ewige Seele anerkennen; er sieht das, was man Seele nennt, als ein Aggregat von Zuständen an, der Flamme vergleichbar, die in jeder Nachtwache die gleiche und doch eine andere ist. Für den Buddhismus konnte es daher auch nicht ein letztes Sein geben, in dem die Seele aufgehen konnte. Die Erlösung ist für ihn die Erlöschung, das Nirvāṇa.

Mit ethischen Forderungen ist die brahmanische Erlösungslehre direkt nicht verbunden. Der buddhistische Mönch verpflichtete sich beim Eintritt in den Orden eine Reihe von Geboten zu halten, die in abgeschwächter Form auch für den Laienanhänger gelten. Tätige Nächstenliebe liegt dem buddhistischen Mönche in der älteren Zeit fern; er hatte für das eigene Heil zu sorgen. Das änderte sich erst in der zweiten Phase des Buddhismus, im Mahāyāna, als das Ziel des Strebens nicht mehr das Nirvāṇa ist, sondern die Bodhisattvaschaft, die sich in der Betätigung des Mitleids und selbstverleugnender Hingabe an alle Wesen bis in die letzten Konsequenzen hinein erschöpft.

Die brahmanische Erlösungslehre ist auf die drei oberen Kasten, das heißt, auf die Nachkommen der Arier beschränkt; der Brahmanismus ist eine nationale Religion, in die man hineingeboren wird. Der Buddha ist keineswegs als sozialer Reformator aufgetreten und hat das Bestehen der Kasten nicht angegriffen, aber der Eintritt in den Orden stand jedem offen ohne Rücksicht auf die Geburt, und damit war natürlich auch eine freundliche Haltung gegenüber den Angehörigen niederer Kasten, soweit sie dem Laienstande angehörten, gegeben.

Im Zusammenhang damit steht auch die Stellung des Buddha in der Sprachenfrage. Der Brahmanismus hielt an dem Sanskrit, der Sprache des Veda, der heiligen Sprache, fest; der Buddha wollte, daß jeder seine Lehre in seiner Sprache aufnehmen sollte und bediente sich selbst der Volkssprache des nordöstlichen Indiens.

Diese veränderte Haltung hat es dem Buddhismus ermöglicht, sich und damit indische Kultur weit über die Grenzen Indiens auszubreiten. Man kann wohl behaupten, daß durch den Buddhismus Indien für Süd- und Ostasien das geworden ist, was Griechenland für die Länder des Mittelmeers war. Von Indien her ist der Buddhismus über ein gewaltiges Gebiet ausgedehnt, nach Ceylon, nach Birma, Siam, Indo-China und den Inseln der Südsee, von den Steppen Sibiriens über Tibet und Turkestan bis zu den Küsten des Stillen Ozeans, bis nach China, der Mongolei und den japanischen Inseln.

Niemand, der sich mit einem Zweige der ostasiatischen Kultur befaßt, kann an dem Buddhismus vorübergehen. Wenn er auch in seinem Ursprungslande erloschen ist, dort ist er noch heute eine lebendige Kraft, und gerade in den letzten Jahren machen sich besonders in Japan Bestrebungen geltend, die auf eine Erneuerung des Buddhismus und seine Ausbreitung in der ganzen Welt abzielen.

Ungefähr um dieselbe Zeit wie die Lehre vom Ātman und der Buddhismus, oder doch nur wenig später, entstand die Religionsform, die schließlich den Buddhismus in seinem Heimatlande verdrängen sollte, und die man gewöhnlich als Viṣṇuismus bezeichnet. Es ist ein unendlich kompliziertes Gebilde, nicht fest umgrenzt, nicht abgeschlossen, sondern in beständigem Flusse. Die Geschichte seiner Entstehung, seiner Entwicklung ist noch vielfach in Dunkel gehüllt. Es ist daher auch schlechterdings unmöglich, ihn in kurzen Worten zu charakterisieren. Der Hauptpunkt, in dem sich der Viṣṇuismus von der Ātmanlehre wie vom Buddhismus unterscheidet, ist, daß als letztes Prinzip ein persönlicher Gott erscheint und daß der Weg, der zu ihm und damit zur Erlösung führt, nicht das Wissen ist, sondern die Bhakti, die gläubige rückhaltlose Hingabe an Gott, die Liebe zu Gott, die Gottesminne. Der Gott, der die vertrauensvolle Hingabe fordert, ist aber selbst ein Gott erbarmender Liebe. Gott hat für sich selbst keinen Wunsch, den er erfüllen könnte, kein Ziel, das zu erreichen wäre. All sein Handeln geschieht lediglich um der Welt willen. Wenn das Recht im Abnehmen und das Unrecht im Zunehmen ist, erschafft Gott sich selbst in irdischer Erscheinungsform zum Schutze der Guten, zur Vernichtung der Bösen, um das Recht zu festigen. So konnten die Helden der alten Sagen zu Inkarnationen des Gottes werden. Kṛṣṇa Vāsudeva, eine der Gestalten des Mahābhārata und vielleicht der wirkliche Stifter der Religion, Rāma, der Held des östlichen Indiens, sind Erscheinungsformen des Gottes. Er wurde dann auch mit anderen Göttern verschmolzen, dem Gotte eines Hirtenstammes, und was wichtiger wurde, mit dem vedischen Viṣṇu, der allmählich zu größerer Bedeutung herangewachsen war als er sie in den ṛgvedischen Liedern besaß. Im einzelnen wurde die Glaubenslehre im Laufe der Jahrhunderte in mannigfacher Weise ausgebildet, teils unter Angleichung an die Ātman-Brahman-Lehre, teils in scharfem Gegensatz zu ihr.

Aber der Viṣṇuismus herrscht nicht allein. Die Verehrung des Śiva, des stark mit nichtarischen Elementen vermischten Volksgottes, hat sich bis auf den heutigen Tag erhalten und ist insbesondere in Südindien auf dravidischem Boden zu einem philosophisch begründeten Religionssystem ausgebaut worden.

Die Erforschung des in unendlicher Mannigfaltigkeit schillernden religiösen Denkens steht im Mittelpunkt der indologischen Studien. Die Aufgaben der Indologie sind aber damit keineswegs erschöpft. Es ist doch nicht so, daß die starke Richtung auf das Innere und das Jenseitige nun etwa alle Kräfte absorbiert und zu Lebensabkehr und Untätigkeit geführt hätte. Das ist nicht einmal im Buddhismus der Fall gewesen, wo die Nichtigkeit des Lebens am stärksten betont wurde. Man darf nicht übersehen, daß es schließlich doch nur ein kleiner Prozentsatz des Volkes war, der die Weltflucht betätigte und in den Orden trat, um das Nirvāṇa zu erlangen, das nur im Mönchsstande erreicht werden konnte. Die Laienschaft, die sich zu dem Orden hielt, dachte nicht daran, ihre weltlichen Beschäftigungen aufzugeben und es wurde nicht von ihr gefordert. Noch heute besteht in Indien eine Religionsgemeinschaft, von einem Zeitgenossen des Buddha begründet und in ihren Zielen und ihrer Organisation — sie hat einen Mönchs- und einen Laienstand — dem Buddhismus nahe verwandt, die Jainas. Die Laienschaft besteht größtenteils aus Geschäftsleuten und gerade die wohlhabendste Klasse gehört ihr an, genau so wie uns das von der buddhistischen Laienschaft in alter Zeit berichtet wird. In welcher Weise der Brahmanismus sich bemühte, den Ausgleich zwischen dem Leben in der Welt und der Abkehr von der Welt zu finden, habe ich schon erwähnt.

Aber auch die politische Geschichte, die wir langsam von den Steinen entziffern, zeigt doch, daß das indische Volk keineswegs seine Tage in tatenlosem Hinbrüten verbrachte. In vor- und nachchristlicher Zeit sind in Indien Reiche entstanden, die an Ausdehnung alle staatlichen Gebilde auf europäischem Boden übertreffen. Vor einigen Jahrzehnten haben wir das umfangreiche Staatshandbuch des Kauṭilya wiedergewonnen, in dem uns der Verwaltungsapparat eines riesigen Reiches wie das der Mauryas bis in alle Einzelheiten hinein geschildert wird. Jahrhunderte hindurch haben die Inder eine mächtige Expansions- und Kolonialpolitik getrieben. Die hinterindischen Länder, Pegu, Kambodscha, Tschampa waren, wie uns die archäologische Durchforschung gezeigt hat, einst Kolonien des brahmanischen Indiens, lange bevor der Buddhismus dorthin drang. Die indische Kolonisation erstreckte sich auf den malaiischen Archipel. Java war einst ein Land mit brahmanischer Kultur, der erst der Islam ein Ende bereitete. Aus der Mischung des Sanskrit mit der einheimischen Sprache entstand jene eigentümliche Literatursprache des Kawi, die wenigstens dem Namen nach durch Wilhelm von Humboldt auch Laienkreisen bekanntgeworden ist Die indischen Epen, das Mahābhārata und das Rāmāyaṇa, liefern noch heute die Stoffe für das javanische Schattenspiel. Indischer Kunst verdanken wir den Tempelbau von Borobudur in Java mit seinen entzückenden Reliefs, den Angkor Vat in Kambodscha, eines der großartigsten Werke, die Menschenhand geschaffen. Die Kolonisation ging aber auch nach Norden. Vor einigen Jahrzehnten wurden im Sande Ostturkestans, im Süden des Tarimbeckens, jene Dokumente entdeckt, die beweisen, daß hier, unmittelbar vor den Toren Chinas, in den ersten nachchristlichen Jahrhunderten ein indisches Reich bestand, in dem nicht nur die Verwaltungssprache, sondern auch die Umgangssprache ein indischer Volksdialekt war. Und nördlich davon ward jenes andere Reich entdeckt, dessen Bewohner, ein nordisches Volk mit blauen Augen und rotblonden Haaren, eine bisher unbekannte indogermanische

Sprache redeten, und merkwürdigerweise eine Sprache des westlichen Zweiges der Indogermanen. Wie sie in vorchristlicher Zeit dorthin gelangt sind, ist heute noch dunkel. Aber wenn auch die Landessprache nicht indisch ist, die Kultur des Landes ist indisch; die Könige führen indische Namen.

Zu den politischen treten Leistungen in Wissenschaft, Kunst und Dichtung, die den Inder ebenfalls als nicht so gar lebensfremd erscheinen lassen. Daß die Inder in der Erforschung der Sprache die Lehrmeister der modernen Sprachwissenschaft geworden sind, habe ich schon gesagt. Es liegt aber auch eine ungeheure Rechtsliteratur und eine kaum minder umfangreiche medizinische Literatur vor, deren Schätze noch kaum gehoben sind; sie verlangen Bearbeiter, die fachmännisches Wissen mit gründlicher Sprachkenntnis verbinden. Was diesen Werken ein so hohes Interesse verleiht, ist ihre Originalität, ihre Unabhängigkeit von fremden Einflüssen. Etwas anders liegt es bei der Astronomie, die erst nach dem Bekanntwerden mit griechischen Werken wissenschaftlichen Charakter annimmt. Es soll aber nicht geleugnet werden, daß exakte Naturbeobachtung dem indischen Geiste nicht lag und vernachlässigt wurde, wofern nicht praktische Bedürfnisse wie in der Medizin und der Astronomie dazu zwangen. So haben wir denn auch wohl eingehende Schriften über Elefanten- und Pferdezucht, aber keine Zoologie oder Botanik, keine wissenschaftliche Geographie, geschweige denn Physik oder Chemie. In der Mathematik haben die Inder nach den neueren Forschungen mehr geleistet als man früher annahm; daß wir ihnen unser Ziffersystem verdanken, wird neuerdings allerdings bestritten.

Der indischen Kunst wird unser an ganz andere Formengebung gewöhntes Auge am schwersten gerecht. Die Schönheit indischer Bauten kann einem überhaupt nur aufgehen, wenn man sie in indischer Landschaft und im Licht und Farbenspiel indischer Sonne gesehen hat. Die bildende Kunst wird uns trotz aller Reize im einzelnen vielfach fremd, oft vielleicht sogar abstoßend erscheinen, da sie sich nicht scheut, auch das, was als Spiel der Phantasie erträglich erscheint, in sicht- und greifbare Körperlichkeit umzusetzen. Übrigens sind die Inder selbst auf nichts so stolz als auf ihre Errungenschaften in der Musik, die sie auch theoretisch begründet haben. Ich muß gestehen, daß mein Ohr die Schönheit indischer Musik nicht zu erfassen vermag.

Was endlich die schöne Literatur betrifft, so beginnt einer der bedeutendsten Indologen, dessen Schriften sich auch in Laienkreisen großer Beliebtheit erfreuen, seine Darstellung der indischen Literatur mit den Worten: »Wie auf dem weiten Wege vom Ṛgveda bis zur dramatischen Dichtung sich die Leidensgeschichte der Seele eines reichbegabten Volkes in der Geschichte seiner Literatur spiegelt, wollen wir darzustellen versuchen.« Düstere Worte, die man übrigens nicht mißverstehen darf. Es ist nicht etwa gemeint, daß die gesamte Literatur von Schwermut und Trauer und Tränen zeuge; davon kann keine Rede sein. Oldenberg sieht vielmehr das Seelenleiden darin, daß es dem Inder trotz reicher Begabung nicht oder doch nur selten vergönnt gewesen sei, ein Höchstes zu leisten. Mir erscheint dieses Urteil hart und ungerecht. Daß eine fast unübersehbare Literatur, die nahezu drei Jahrtausende umspannt, nicht nur Meisterwerke aufzuweisen hat, ist selbstverständlich. Und ungerecht ist es, an die indische Dichtung den Maßstab griechischer Kunst zu legen. Gewiß, das Mahābhārata ist keine Ilias, und insbesondere nicht in seiner jetzigen Gestalt, wo der Kern unter einer ungeheuren Masse nichtepischen Stoffes, der sich im Laufe der Jahrhunderte herumgelagert hat, fast verschwindet. Einmal muß das Lied vom Bruderkampf der Kurus und der Pāṇḍavas ganz anders gelautet haben, und es wird die Aufgabe der Forschung sein, das Ursprüngliche herauszuschälen. Ob das völlig gelingen wird, ist freilich fraglich; bei dem zweiten großen Nationalepos, dem Rāmāyaṇa, sind in dieser Hinsicht die Aussichten günstiger.

Die an das Epos sich anschließende höfische Dichtung ist in einer Sprache, die nicht mehr im Munde des Volkes lebte; das gibt ihr einen gelehrten Anstrich. Es soll auch zugegeben werden, daß sie schließlich ins Gekünstelte und Spielerische ausartet. Aber auch von der Schönheit Kalidasischer Dichtung ist es schwer, jemandem, der nicht das Original lesen kann, einen vollen Begriff zu geben. Der wunderbare, der gewollten Stimmung sich anschmiegende Wohlklang der Sanskrit-Verse läßt sich kaum in einer andern Sprache wiedergeben, und das Prinzip, in jeder einzelnen Strophe eine Spannung zu erregen, die sich am Ende löst, kann in der Übersetzung niemals zum Ausdruck kommen, da es zu einem guten Teil auf der unnachahmlichen Stellung der Worte beruht. Allein mag man über die höfische Epik denken wie man will, in der Lyrik und der Spruchpoesie hat Indien Dichtungen aufzuweisen, die sich dem Besten aller Zeiten zur Seite stellen können. Von dem Meghadūta hat Goethe gesagt: »Die erste Bekanntschaft mit einem solchen Werk macht immer Epoche in unserm Leben.«

Indien hat selbständig sein Drama geschaffen. Es hat sich in Indien aus dem Tanz, aus der Pantomime entwickelt; daß es unter dem Einfluß der attischen Komödie entstanden sei, ist eine Vermutung, die heute wohl als abgetan gelten kann. Das indische Drama ist durchaus originell, und gerade diese Originalität schließt den Vergleich mit dem europäischen Drama aus. Der Wirkung von Schauspielen wie der Śakuntalā oder dem Tonwägelchen wird sich niemand entziehen können, aber ihr voller Reiz wird sich doch nur dem erschließen, der versucht, sie in indischem Geiste zu lesen, wie einst Herder es mit der Śakuntalā tat. Am glänzendsten zeigt sich indisches Können vielleicht in den Fabeln, den Märchen und Erzählungen. Hier wirkt sich eine schier unerschöpfliche Erfindungsgabe aus, so daß ein späterer Sammler sein Werk mit Recht einen Ozean der Erzählungsströme nennen konnte. Hier tritt auch, bald nur leise mitschwingend, bald in voller Ausgelassenheit, ein echter Humor zutage, der in der Tiefe der indischen Volksseele schlummert. Diese Fabeln und Erzählungen sind bekanntlich, teils einzeln von Mund zu Mund, teils durch Übersetzungen geschlossener Werke wie des Pañcatantra über die ganze Welt gewandert. Sie haben dabei bisweilen ihr Gewand verändert, aber der Kern ist treu durch die Jahrhunderte bewahrt. Von zahlreichen Geschichten, die uns noch heute von Kindheit an vertraut sind, hat die Forschung den indischen Ursprung enthüllt. Zu der Weltliteratur der Fabeln und Erzählungen hat Indien vielleicht einen größeren Betrag von Motiven beigesteuert als irgend ein anderes Land der Erde.

Man wird nach alledem doch wohl behaupten können, daß die Geschichte und die weltliche Literatur Indien keineswegs als so lebensfremd und lebenverneinend erscheinen läßt, wie es vielleicht nach der religiösen Literatur allein geurteilt scheinen möchte. Übrigens hat heute in Indien eine Bewegung eingesetzt, die bewußt Welt und Leben bejaht; ihr Hauptvertreter ist der Dichter Rabindranath Tagore. Es ist das nur ein Teil der großen geistigen Umwälzung, die sich in Indien wie in andern Ländern der alten Asia in der Gegenwart vollzieht. Indien hat begonnen, sich auf sich selbst zu besinnen; ein indisches Nationalgefühlt ist erwacht. Das hat es in der Vergangenheit nicht gegeben und konnte es nicht geben. Das Gefühl eines geschlossenen Volkstums wird sich immer nur im Gegensatz zu einem anders gearteten Volkstum bilden. Bis zur muhammedanischen Eroberung war Indien in keine engere und nachhaltige Berührung mit einem fremden Volke gekommen. Der Einbruch der muhammedanischen Fremdlinge hätte vielleicht ein gemeinindisches Nationalgefühl auslösen können, wenn nicht bei dem feindlichen Verhalten des Islam zum Hinduismus der Gegensatz einseitig als ein religiöser empfunden wäre. Dazu kommt, daß die muhammedanischen Eroberer sich dauernd im Lande behaupteten und, von ihrem Ursprungslande gelöst, selbst zu Indern wurden. »Indien ist meine Heimat, und wir alle, wir sind Inder«, singt ein moderner muhammedanischer Dichter.

Ganz anders die englische Eroberung. Die Religion trennt hier nicht, da die Engländer es stets vermieden haben, sich in die religiösen Angelegenheiten der Inder zu mischen. Aber der Engländer, der Indien regiert, ist mit dem Lande nur so lange verbunden, als seine Amtszeit dauert; er ist in Indien nicht heimisch und wird von dem Inder als Fremder empfunden. Das Bewußtsein, von einem fremden Volke beherrscht zu werden, hat dazu geführt, daß der Bengale sich nicht mehr nur als Bengale, der Marathe nur als Marathe fühlt, daß alle, mögen Sprache und Rasse sie trennen, doch beginnen, sich als Kinder der einen großen Mutter, der Mutter Indien, zu bekennen. Einen starken Einfluß auf die geistige Umformung übt auch die wachsende Bekanntschaft mit der westlichen Kultur und vor allem der westlichen Wissenschaft aus. Man lernt heute auf manchen indischen Universitäten auch Deutsch und Französisch, um wissenschaftliche Bücher in diesen Sprachen lesen zu können. Das Studium der Naturwissenschaften im abendländischen Geiste kann natürlich nicht ohne Folgen für das gesamte indische Denken bleiben; aber auch die philologisch-historische Wissenschaft des Westens hat in Indien Aufnahme gefunden und eine Änderung im Wissenschaftsbetriebe und darüber hinaus in der gesamten geistigen Haltung bewirkt. Der Träger der alten einheimischen Gelehrsamkeit, der Pandit, der übrigens manche ganz schätzenswerte Eigenschaften hatte, stirbt aus. Die Inder haben begonnen, selbst ihre Literatur kritisch und philologisch nach westlichen Methoden zu durchforschen, sogar die heiligen Schriften, der Veda, sind davon heute nicht mehr ausgenommen. Die Archäologie, die Epigraphik liegt heute größtenteils in indischen Händen. Mit Enthusiasmus betreibt man das Studium der Geschichte des mittelalterlichen Indiens. Mit Stolz weist man darauf hin, daß die Inder nicht nur in sich gekehrte stille Denker gewesen sind, daß ihre Leistungen sich den abendländischen, zum mindesten der gleichen Zeit, zur Seite stellen können, und man schöpft aus der großen Vergangenheit die Hoffnung künftiger Größe. So ist von der westlichen Wissenschaft eine befruchtende Welle auch nach Indien geschlagen; die Indologie hat auch für das Land selbst, dessen Erforschung sie gewidmet ist, eine Bedeutung gefunden, deren Auswirkung sich heute noch gar nicht übersehen läßt.

CHINA

VON

OTTO FRANKE

4. Februar 1935

Das Studium der chinesischen Kulturwelt, das man sich als »Sinologie« zu bezeichnen gewöhnt hat, besitzt noch keine lange, aber eine sehr wechselvolle Geschichte. Was einstmals am Ende des 13. Jahrh. Marco Polo über seinen Aufenthalt in dem weltfernen Kathai berichtete, schien den Gelehrten so phantastisch, daß es als unvereinbar mit dem christlichen Weltbilde und somit als unglaubwürdig abgelehnt wurde. Erst allmählich, und nur in kleinem Kreise, fanden die Angaben des berühmten Venetianers, ebenso wie die der Franziskaner-Mönche Plano Carpini, Wilhelm Ruybroek u. A. im 13. und 14., der portugiesischen Seefahrer im 16. Jahrh. ernsthafte Beachtung, am ehesten noch in Italien, wo die Renaissance die Geister zu befreien begann.

Aber von einem Verständnis für das chinesische Geistesleben oder auch nur von einer Kenntnis der geographischen und politischen Gegebenheiten ist in dieser Zeit noch keine Rede. Erst in den Arbeiten der Jesuiten-Missionare des 17. und 18. Jahrh., die in Wahrheit das chinesische Geistesleben entdeckten und es durch Übersetzungen zahlreicher Schriftwerke, namentlich eines Teiles der kanonischen Schriften des Konfuzianismus dem Abendlande bekanntmachten, fallen die ersten Lichtstrahlen auf die fremde Kulturwelt. Der Eindruck davon war ein gewaltiger. Das bis dahin kaum gekannte China erstrahlte plötzlich in dem magischen Lichte einer neuentdeckten besseren Welt. Das war nicht erstaunlich, wenn man sich den Gegensatz zwischen Ost und West zur damaligen Zeit vergegenwärtigt. Dort das Weltreich K'ang-his in seiner ganzen Machtfülle, fest gefügt im Innern und Ehrfurcht gebietend nach außen, ruhend auf dem konfuzianischen System, von einer Einheitlichkeit und Geschlossenheit, in der keine Unsicherheit und keine Zweifel Raum fanden; der Kaiser selbst ein Schützer und Verehrer aller Wissenschaften, weitherzig, großzügig, ohne Rassenfanatismus oder religiöse Voreingenommenheit. Und ihm gegenüber Europa: zerrissen in Feindschaft und Haß aus dem dreißigjährigen Kriege, zum großen Teil verarmt und elend, versunken in Unwissenheit und Aberglauben. Krieg im Norden und Osten, zwischen den großen Schwedenkönigen und Polen, Rußland und ihren Verbündeten, Krieg im Westen und Süden um die Spanische Erbfolge, Angst vor der Türkengefahr in allen Landen, Not und Wirrsal überall, Künste und Wissenschaften ohne Pflege und Förderung. Was Wunder, wenn ein weltumspannender Geist wie Leibniz, betroffen von diesem Gegensatz, durch die Schilderungen der Missionare zu seinem begeisterten Hymnus auf die *practica philosophia* der Chinesen hingerissen wurde, auf »die Vorschriften der Ethik und der Staatskunst, die eine so musterhafte Lebensführung des ganzen Volkes bewirkt haben, wie sie in Europa vergeblich gesucht wird«. »Derart wahrlich scheint mir der Zustand unserer Verhältnisse zu sein,« schreibt er, »bei dem die Sittenverderbnis ins ungeheure wächst, daß es fast notwendig scheint, daß Missionare der Chinesen zu uns gesandt werden, die uns Zweck und Anwendung der natürlichen Theologie lehren.« Mit zu dem Zwecke schuf er die Preußische Akademie der Wissenschaften, damit sie hülfe, die Kulturen Chinas und Europas auszutauschen und das große Land dem Christentume zuzuführen. Es ist bekannt, wie der allem Transzendenten abholde Konfuzianismus die Geister der »Aufklärung« in Frankreich und Deutschland anzog, wie Voltaire im besonderen hier die Theorie von der universalen Vernunftreligion verwirklicht sah, welcher leidenschaftliche Streit um Materialismus und Atheismus, natürliche Religion und Ethik, reine Geistigkeit der religiösen Vorstellungen, Offenbarung und Gleichheit der letzten Quellen für Judentum, christliche und chinesische Religion u. ä. in dem Frankreich des 17. und 18. Jahrh. die gelehrte Welt entflammte.

Aber noch ehe das 18. Jahrh. zu Ende ging, verebbte die Flut, versiegte die Wissensquelle der Jesuiten, wurde die Begeisterung für chinesisches Denken und seine sichtbaren Ergebnisse durch Kritik und wachsende Skepsis verdrängt. Die politischen Ereignisse in Europa taten ein übriges, um China in das Dunkel der Unbekanntheit zurücksinken zu lassen. Als es ein halbes Jahrhundert später wieder auftauchte, war die abendländische Welt verwandelt: die Niederlassungen der britischen Ostindischen Kompagnie und die Handelshäuser Amerikas, Deutschlands, Frankreichs, Hollands und Portugals verkörperten das neue Interesse am Fernen Osten. Es war vorbei mit der Weltbürgerlichkeit und der Sentimentalität des 18. Jahrh., man begann, sich auf seine materiellen nationalen Belange zu besinnen, man wollte Märkte erobern, Waren absetzen, Geld verdienen, nicht aber Vergleiche anstellen über Wert und Unwert kultureller Systeme oder gar einen Austausch herbeiführen zwischen den geistigen Gütern beider Welten. Diese neue Entwicklung erhielt ihre endgültige Prägung durch den englisch-chinesischen Opiumkrieg und den Frieden von Nanking 1842. Die politische Macht des Abendlandes hatte ihren Fuß auf chinesischen Boden gesetzt und rüstete sich zum endgültigen Bleiben.

Und nun, inmitten des jetzt anhebenden politischen Kräftespiels, begann die neue planmäßige Erforschung der Welt des Chinesentums, weniger stürmisch als zur Zeit der Jesuiten, dafür aber tiefer dringend, kritischer, ohne wissenschaftsfremde Nebenziele. Vor allem wandte man jetzt dem Studium der Sprache die volle Aufmerksamkeit zu, denn alles Wissen mußte Stückwerk bleiben, solange man bei der Handhabung dieses Schlüssels nicht selbständig war, sondern abhängig von chinesischen Vermittlern blieb. Geographie und Geschichte, Natur- und Landeskunde, Volkstum, Sprachwissenschaft und Rassezusammenhänge, Philosophie und Religion, Dichtung und Kunst, alles trat allmählich in den Lichtkreis der Beobachtung und Forschung, und je weiter man vordrang, um so mehr erkannte man, wie unermeßlich die Gebiete dieser auf Jahrtausende zurückblickenden Geisteswelt sich hindehnten. Hemmend wirkte freilich bis zur

Mitte des 19. Jahrhunderts der Mangel an wissenschaftlich geschulten Arbeitern. Ein eifriges, aber unzulänglich ausgerüstetes Dilettantentum, meist englisch-amerikanische Missionare, auch einzelne Kaufleute und Beamte des Zoll- und Konsulatsdienstes, beherrschte in China das Feld; in Europa widmeten zwar einige wenige Gelehrte dem neuen Wissensgebiete ihre Kraft, aber ihnen fehlten bei allem Scharfsinn der Methode zunächst noch das literarische Material, die Anschauung von der Wirklichkeit in Land und Volk, nicht selten auch die ausreichende Erfahrung im Verständnis der sehr schwierigen Sprache. So gesellte sich zu dem ungelehrten vielfach ein gelehrtes Dilettantentum — es ist schwer zu sagen, welches von beiden die größeren Gefahren birgt —, und sein Wirken hat die junge Sinologie bei den älteren Wissenschaften anfangs mehrfach in Mißkredit gebracht. Ich zweifle allerdings, ob hierin die Erklärung dafür gesucht werden darf, daß einige dieser älteren Wissenschaften Ostasien auch heute noch als außerhalb unseres Planeten liegend betrachten. Es gibt indessen gewichtige Ausnahmen zu dem, was meist über die älteren Sinologen gesagt wird: die berühmtesten und verdientesten Begründer unserer Wissenschaft sind der Franzose Stanislas Julien, der nie in China war, und James Legge, ein englischer Missionar in China. Seitdem ist die Sinologie zu einem kraftvollen Zweige am Baume der Orientalistik geworden. Frankreich gebührt der Ruhm, hier lange Zeit führend vorangegangen zu sein, und der von den gelehrten Jesuiten geknüpfte Faden ist dort niemals abgerissen. Aber auch die meisten der übrigen Länder des Abendlandes haben in den letzten sechs Jahrzehnten das ihrige beigetragen, und unter den Sinologen der zweiten Hälfte des 19. Jahrhunderts sind Träger berühmter Namen. Eine große Schar wissenschaftlich geschulter Gelehrter, nicht zum wenigsten der jüngeren Generation, durchforscht seit dem Beginn des 20. Jahrhunderts alle Gebiete der chinesischen Kulturwelt und ihre Geschichte.

Aber wie der Einzelne oft die Erfahrung macht, daß Ereignisse, Entwicklungen, Zustände, die beim Aufgehen des Lichts völlig klar vor ihm zu liegen schienen, bei näherem und längerem

Hinsehen in ihren Umrissen, ihrem äußeren und inneren Wesen Zweifel und Unsicherheit wecken, so hat die moderne Sinologie erkennen müssen, daß Entwicklung und Wesen des chinesischen Kulturlebens durchaus nicht so gradlinig und einfach waren, wie man, gebannt von den Schilderungen der Jesuiten, immer geglaubt hatte. Die Folge war zunächst eine starke Unsicherheit und Gegensätzlichkeit in der Einstellung gegenüber dem Chinesentum als Ganzem. Stärker vielleicht als anderswo zeigte sich diese Gegensätzlichkeit in Deutschland. Daß die chinesische Seele sich in den Lehren der beiden erfolgreichsten Denker des Landes, des Konfuzius und des geheimnisvollen Lao tsĕ, am deutlichsten geoffenbart hatte, schien unbezweifelbar. An ihnen also maß man Art und Wert der chinesischen Kulturschöpfung. In dem verklärenden Lichte warmer Hingabe sahen die einen die Welt des Meisters K'ung, das vollendete Werk eines vollendeten Menschen, das alle Stürme der Zeit überdauern würde, wie es die der vergangenen Jahrtausende überdauert habe. Und Lao tsĕ mit seiner erhabenen Mystik hatte für sie die letzten Rätsel des Seins entschleiert, seine Begriffe des *tao* und des *tê* waren die reinste Formung des Urquells alles Werdens, die dem menschlichen Geiste erreichbar war. Zweifelnd und kritisch standen die anderen. Sie fanden in der chinesischen Gedankenwelt doch manche Richtungen, die von Meister K'ungs Lehren erheblich abwichen, und die genauere Kenntnis der Geschichte des Kanons ergab, daß seine Überlieferung auf recht brüchigen Fundamenten ruhte; überdies fand sich in der politischen Geschichte des Landes manches, was zwar dem konfuzianischen System entsprach, aber nicht zu seinem Ruhme beitrug, ja bei den Kritikern Zweifel erweckte, ob der Konfuzianismus für China überhaupt ein ungemischter Segen gewesen wäre. Manche endeten sogar bei einer radikalen Ablehnung der ganzen Orthodoxie. Noch schärfer setzte die Kritik bei Lao tsĕ ein, der für das konfuzianische Literatentum längst zu einem Antipoden seines Meisters geworden war. Seines Buches mit dem dunklen Inhalt hatte sich der gelehrte und der ungelehrte Dilettantismus mit besonderer Leidenschaft bemächtigt, unaufhörlich wuchs die Zahl der Übersetzungen und Deutungen, wobei diejenigen Erklärer am bestimmtesten auftraten, deren Einfühlungskraft durch keine Kenntnis der chinesischen Sprache behindert wurde. Die Kritiker unter den Sinologen gossen viel Wasser in den schäumenden Wein: Lao tsĕs *Tao*-Lehre sei nichts anderes als was die griechischen Philosophen seit Heraklit unter dem *Logos*, die Upanischaden der Inder unter dem *ātman* verstanden hätten, und was an Einzelheiten von Lao tsĕ in geheimnisvoller Sprache vorgetragen werde, sei unverständlich und werde vermutlich immer unverständlich bleiben, genau wie es den Chinesen der Han-Zeit d. h. vor 2000 Jahren bereits unverständlich gewesen sei. Radikale wollten den ganzen Lao tsĕ als Mystifikation einer späteren Zeit nur als Kuriosum werten.

So begann vieles und wesentliches von der chinesischen Gedankenwelt, das bisher als feststehend gegolten hatte, im Lichte der neueren Erkenntnis schwankend zu werden; je tiefer die Forschung mit Hilfe des Studiums der einheimischen Schriftwerke, mit den Mitteln der Textkritik und mit der Untersuchung an den im Erdboden vergrabenen Trümmern der Vergangenheit in die vielverschlungenen Gänge der politischen und der Geistesgeschichte eindrang, um so unabsehbarer wurden die ungelösten Fragen, um so verwickelter die Widersprüche und Möglichkeiten. Man sah, daß das konfuzianische System, das den gesamten Staat in seinem Wesen bestimmte und sich daher auch im Alleinbesitz der staatlichen Machtmittel befand, das Geistesleben der Chinesen wie mit einer Hülle umgab, in der ihm die freie Entfaltung unmöglich gemacht wurde, daß die konfuzianische Geschichtschreibung alle Geschehnisse, die Herkunft des Volkes, die Entstehung und Entwicklung des Staates, die inneren Vorgänge und das Verhältnis inmitten der Menschheit in einem bestimmten Lichte, mit bestimmter Zwecksetzung, sogar mit bewußter Verbiegung der Wirklichkeit dargestellt hatte. So erschien alles unsicher, zweifelhaft, mehrdeutig. Dazu kamen die Ausgrabungsfunde der Archäologen an den alten historischen Stätten im Huang-ho-Tal, im Weï-Tal, an dem geschichtsreichen Nordwest-Ausgange in Kan-su, aber auch im Süden in den Niederungen des Huai-Gebietes und selbst an den Grenzen von Kuang-si und Tongking.

Diese Funde redeten eine ganz andere Sprache als die konfuzianische Überlieferung und weckten neue Zweifel, neue Probleme. Woher kam dieses rätselhafte Volk, das eins der zahlreichsten und lebenskräftigsten der Erde ist? Wo und wie hat es seinen Staat gebildet? War der geschichtliche Konfuzius wirklich der Schöpfer der chinesischen Geistigkeit, wie die Überlieferung es verkündet? Und wenn dies der Fall ist, was war das Chinesentum vor Konfuzius? Was hat den chinesischen Staat und das chinesische Volkstum befähigt, allen Wandlungen der Zeit Trotz zu bieten und bis an unsere Zeit alle Hindernisse und Widersacher zu überwinden, so daß beide jetzt die weitaus ältesten der Erde sind? Wie steht es heute mit dem Wesen des Chinesentums und wie mit seinem Ausblick in die Zukunft? Das sind die großen Fragen, denen sich die Sinologie gegenüber sieht. Zu ihrer Beantwortung wird die Arbeit von Generationen erforderlich sein, denn nicht eine musische Eingebung wird die Lösung bringen, auch nicht der Flug einer von aller Erdenlast befreiten Phantasie, sondern nur die geduldige Einzelarbeit, gestützt von genauester Sprach- und Sachkenntnis, mag sie zuweilen auch noch so bescheiden und klein erscheinen, indem sie Stein um Stein herbeiträgt, bis der Bau der Erkenntnis daraus ersteht.

Eine Mahnung und eine Hilfe zugleich wird für den Sinologen, der um eine lebendige Anschauung in seiner Wissenschaft ringt, immer das China von heute sein, das nicht als ein blutleerer Überrest der Vergangenheit, sondern als das gegenwärtige Endglied einer langen Entwicklung in seiner ganzen Lebensfülle sichtbar vor seinen Augen steht. Das ist ja das Unvergleichliche an unserer Wissenschaft, das, was sie vor allen anderen Zweigen der Orientalistik voraus hat, daß sie eine lückenlos zusammenhängende Entwicklung von Jahrtausenden vor sich sieht, die, getragen teils von stärkstem Schaffenswillen beim Aufbau, teils von zähem Widerstande in der Verteidigung, in den Nebeln einer unbekannten Vorzeit anhebt, durch alle Umwälzungen des asiatischen Kontinents hindurch läuft, ohne an Kraft zu verlieren, unsere Tage durchdringt und nach menschlichem Ermessen noch eine lange Zukunft vor sich hat, ein Bild beispielloser Geschlossenheit für den Historiker. So unzerreißbar ist diese Geschlossenheit, daß niemand sich einbilden soll, das China von heute zu verstehen, der das alte nicht kennt, und daß jeder Sinologe, wenn er will, im heutigen China fast immer einen deutlichen Kommentar zu den Problemen der Vergangenheit finden kann. Und dieses China von heute ist freudig bereit, selbst an der Aufhellung seiner Vergangenheit mitzuhelfen. Unabsehbar ist die Schar der jüngeren Gelehrten dort, die, geschult an den wissenschaftlichen Methoden des Abendlandes und vertraut mit den Schwierigkeiten ihrer Muttersprache, unschätzbare Hilfe auf den Wegen der gemeinsamen Forschung gewähren. Reiche Früchte hat dieses Zusammenwirken von West und Ost bereits getragen, reichere noch verspricht es für die Zukunft.

Gerade die Arbeiten der modernen chinesischen Sinologen zeigen den gewaltigen Abstand von der erstarrten Wissenschaft des konfuzianischen Literatentums noch vor wenigen Jahrzehnten. Frei von den Fesseln der orthodoxen Scholastik sehen sie und wir heute den Gang der chinesischen Geschichtsentwicklung in anderem Lichte, als die Überlieferung ihn uns bisher gezeigt hat. Manche Vorgänge erhalten dabei ein neues Aussehen, manche Berühmtheiten müssen ihre Plätze wechseln und anderen überlassen. Dafür aber gewinnen wir Einsicht in das Walten geschichtlicher Kräfte, die den älteren Forschern hüben und drüben verborgen waren. Wir sehen in der Geschichte des großen Reiches nicht mehr eine bloße Reihe von Beispielen für gewisse von Menschen aufgestellte und der göttlichen Offenbarung zugeschriebene moralische Grundsätze, wie es die chinesischen Literaten zu tun pflegten, auch nicht eine endlose Kette von monotonen Begebenheiten ohne einen eigentlichen höheren Sinn, wie wir es bei vielen abendländischen Gelehrten finden — »die Geschichte Chinas selbst entwickelt nichts, und wir können uns deshalb in die Einzelheiten dieser Geschichte weiter nicht einlassen«, heißt es bei Hegel —, sondern wir haben gelernt, die chinesische Geschichte als einen Teil, und einen sehr wichtigen Teil jener »welthistorischen Bewegung« mit ihrer »schrankenlosen Tragweite«, zu begreifen — um mit Ranke zu sprechen —, deren letztes Ziel sich allem menschlichen Erkennen entzieht und von uns in Demut vor der göttlichen Vorsehung nicht einmal geahnt werden darf. Wer sich nicht ängstigt vor langen Zeiträumen und Willens ist zu einer großen Zusammenschau, dem wird ein Blick über die chinesische Geschichte rasch gewisse alles beherrschende Gedanken offenbaren, die ihm zuletzt auch Wesen und Größe der gewaltigen ostasiatischen Krise beleuchten werden, von der wir heute die Zeugen sind. Zu einer solchen Zusammenschau gibt uns der Stand unserer heutigen Kenntnis sehr wohl die Möglichkeit.

Das Zentralproblem der ganzen chinesischen Geschichte, zugleich auch die Schicksalsfrage des chinesischen Reiches, eine Frage, die wenigstens während der letzten 27 Jahrhunderte die politische und schließlich auch die geistige Entwicklung überschattet hat und die auch jetzt wieder für Chinas Schicksal entscheidend ist, das ist die Frage: kann dieses ungeheure Reich mit seinen ganz verschiedenen Völkern einheitlich regiert werden und auf welche Art? Dreifach sind die Lösungen, die man im Verlaufe jenes Zeitraumes versucht hat.

Nachdem im 11. Jahrhundert v. Chr. ein Fürstengeschlecht unbekannter Herkunft die nördlichen Provinzen des heutigen China erobert hatte, wurden die einzelnen Teile an die Familienangehörigen und Vertrauenspersonen als Lehen verteilt. Die neuen Herrscher folgten damit nur einem schon vor ihnen bestehenden Brauche, denn das Lehenswesen muß schon mit der Stellung der chinesischen Sippenverbände und dem Ahnendienst zusammenhängen. Später traten diese Rücksichten, Sippenordnung und religiöse Pflichten, mehr in den Hintergrund, und staatspolitische Zwecke bestimmten die Belehnungen. Sicherung des Reiches nach außen und Erfordernisse der Verwaltung machten eine Delegierung der Hoheitsrechte notwendig. Die Entfernungen in dem ständig wachsenden Staatsgebiete waren zu groß, die Verkehrsmittel zu mangelhaft, als daß von der Hauptstadt aus die Steuerverhältnisse, die Ausübung der Rechtspflege, die Sicherung gegen auswärtige Feinde und andere Tätigkeitsbereiche der Regierung hätten überall unmittelbar geleitet werden können. Der Herrscher — mögen wir ihn »Kaiser« oder anders nennen — hatte das Obereigentum am gesamten Gebiete, die von ihm eingesetzten »Fürsten« waren seine Vasallen, übten aber in den ihnen anvertrauten Gebieten die selbst theoretisch kaum eingeschränkte Herrschaft aus, sogar mit dem Rechte der dynastischen Erbfolge. Es war nun natürlich, daß aus diesen Lehensträgern bald unabhängige Territorialherren, aus ihren Lehen selbständige Staaten wurden, und das um so mehr, als diese Fürsten imstande waren, durch Eroberungskriege ihre Staatsgebiete unbeschränkt zu erweitern, während der Oberherrscher durch die Lage seines Staates in der Mitte solcher Möglichkeiten beraubt war. Manche von den Staaten waren so groß, daß sie wieder Sublehen schufen. So kamen die Fürsten vielfach in den Besitz weit größerer Machtmittel als die ihres Lehensherrn waren, und dessen politische Stellung wurde in dem gleichen Maße schwächer und vom Wohlwollen der großen Territorialherren abhängiger. Nur der religiöse Nimbus des »Himmelssohnes« hielt das Reich noch eine Zeit lang als ein loses Gefüge zusammen. (Wir kennen die gleichartigen Erscheinungen aus unserer eigenen Geschichte.) Aber schließlich schwand auch der, und wir haben vom 8. Jahrhundert v. Chr. ab ein System selbständiger Staaten, die ihre eigene Politik treiben, Bündnisse schließen, Kriege mit einander führen und durch Gesandtschaften verkehren. Der Kaiser war nur noch ein Symbol, aber ein bedeutungsloses. Das Bild wurde um so bunter, je mehr Fremdvölker in dieses System sich einfügten und eigene Staaten nach chinesischem Muster bildeten. Die politische Einheit des Reiches war dahin, und die geistige geriet in die größte Gefahr.

In den Einzelstaaten hatte sich ein reges Geistesleben von großer Mannigfaltigkeit entwickelt. Zahlreiche Meinungschulen waren entstanden, die alle Fragen menschlichen Seins erörterten, von den einfachen Dingen der Wirtschaft an bis zu den verwickeltsten Problemen der Gesellschafts- und Staats-Ethik, ja bis zu den letzten und höchsten Fragen des menschlichen Seins überhaupt. Eine von diesen Schulen war die des Konfuzius und seiner Anhänger in dem Staate Lu; sie beschäftigte sich, unter Ablehnung aller Metaphysik, mit den Fragen der bürgerlichen und der

Staatsmoral, indem sie ein stilisiertes Altertum als Vorbild setzte. Unter solchen Umständen, bei der natürlichen Verschiedenheit der Völker und Stämme, der politischen Trennung nach der Landeshoheit und der Vermannigfaltigung des geistigen Lebens, mußte mit Notwendigkeit eine völlige Zerreißung und Entfremdung der Reichsteile eintreten. Auch hierfür haben wir Parallelen in der deutschen Geschichte. Der Lehenstaat war also zweifellos nicht die Form, in der Zusammenhalt und Einheit des Reichskörpers gewahrt werden konnten.

Das Eingreifen einer machtvollen Persönlichkeit in den Gang der Entwicklung führte die Wende herbei und bahnte eine neue Lösung der großen Frage an. Im 3. Jahrhundert v. Chr. beseitigte Schi huang-ti von Tsʻin das gesamte Staatensystem, vertrieb die Fürsten und fügte das Ganze zu einem großen Einheitstaate zusammen mit einer starken Zentralregierung in der Hauptstadt und einem straff organisierten Beamtentum, das die Gebietsteile als Provinzen verwaltete. Das Bestreben der Landschaften, politisch und kulturell getrennte Wege der Entwicklung zu gehen, wurde durch allumfassende Einrichtungen und Ordnungen erstickt. »Man vereinheitlichte die Gesetze und Bestimmungen, die Maße und Gewichte, die Wagen erhielten die gleiche Spurweite, die Dokumente die gleichen Schriftzeichen«, so drückt es der einheimische Geschichtschreiber aus.

Das war die zweite Lösung des großen Problems. Das Schicksal hat ihr nicht die Zeit vergönnt, sich im Bewußtsein der Völker zu verwurzeln. Die Nachfolger des großen Kaisers waren zu unselbständige Persönlichkeiten, als daß sie sein Werk gegen die nach seinem Tode alsbald wieder hervorbrechenden zentrifugalen Kräfte, die Triebe zur Einzelstaatlichkeit, hätten wirksam verteidigen können. Die Schule der Konfuzianer aber war es, die sich bemühte, jenen Kräften im Volke, wenigstens in seinen gebildeten Teilen, den Halt zu geben. Eingeschworen auf die Staatsformen des Altertums, hatten die Konfuzianer in dem neuen Einheitstaate einen Frevel gegen den göttlichen Willen gesehen und dieser Meinung auch Ausdruck gegeben. So bestand Feindschaft zwischen ihnen und der selbstherrlichen Dynastie, und als diese noch vor dem Ende des 3. Jahrhunderts fiel, sahen sie darin die Strafe des Himmels und verlangten stürmisch die Rückkehr zu dem von der Überlieferung geheiligten Lehenstaate.

Der Sieger, der aus dem Kampfe um die politische Macht hervorging, war ein Mann von einfacher Herkunft aber von klarem Verstande. Auf ihn machten die Deklamationen der Konfuzianer wenig Eindruck, er sah der großen Schicksalsfrage mutig ins Gesicht und wußte, daß, wenn der Lehenstaat wieder käme, es bald um seine Macht und um das Reich geschehen sein würde. Die unablässigen Kämpfe gegen rebellische Fürsten und Große, die ihren eigenen Thron beanspruchten, brachten ihm diese Erkenntnis unwiderleglich bei. Aber wie sollte man sich abfinden mit der Lage? Gewaltsam, durch Vernichtung aller Widerstände, den Einzelstaat mit zentraler Verwaltung zu erzwingen, dazu reichte die Macht der neuen Dynastie der Han nicht aus, welche neue Lösung war noch möglich? Der Kaiser Kao tsu, der Gründer der Dynastie, fand sie, sei es aus eigener Erkenntnis, sei es aus der eines klugen Ratgebers. Die Träger der Staatsgewalt in der Zentrale und im Reich waren bisher der Umgebung des Fürsten entnommen, es waren Glieder der fürstlichen Sippe oder Günstlinge des Herrschers. Das mittlere und niedere Beamtentum wurde von diesen zusammengestellt. Im Einheitstaate der Ts'in kann es nicht viel anders gewesen sein, eine geordnete Beamtenlaufbahn gab es nicht. Kao tsu beschloß, den staatlichen Aufbau auf eine andere Grundlage zu stellen, an die Stelle der Lehensträger und vornehmen Familien als tragende Schicht die breite Volksmasse zu setzen, mit einem Worte den Staatsdienst zu demokratisieren. Zu diesem Zwecke sollten die in den Massen des Volkes ruhenden Talente nutzbar gemacht werden, indem fähige junge Leute ohne Rücksicht auf ihre Herkunft für den Staatsdienst ausgewählt und ausgebildet würden. Im Jahre 196 v. Chr. erging der kaiserliche Erlaß, der die neue Politik verkündete. Abermalige innere Wirren verzögerten die Ausführung, aber 72 Jahre später, im Jahre 124, wurde sie von neuem aufgenommen und fester geformt. Anstalten für einen planmäßigen Unterricht wurden geschaffen, die erfolgreichen Schüler waren die Kandidaten für den

Staatsdienst. Der Maßstab aber für ihre Fähigkeiten wurde mehr und mehr die Kenntnis des konfuzianischen Schrifttums und der konfuzianischen Staatsethik. Damit hatte die Schule der Konfuzianer, die sich inzwischen der Dynastie als unentbehrlich für ihren Aufbau erwiesen hatte, ihren vollen Triumph erlangt. Die Jahre von 196 bis 124 waren die Gründungszeit für den konfuzianischen Staat, und dieser konfuzianische Staat, die dritte Lösung der großen Frage, hat gewährt bis zum Beginn des 20. Jahrhunderts.

In dieser Form ist das chinesische Reich unter schweren inneren und äußeren Kämpfen zur Weltmacht emporgestiegen. Es hat nach Vernichtung der Hunnenvölker die Staaten von Mittelasien bis zum Pamir unterworfen; es hat dann im Nordosten und Osten die Gebiete der tungusischen Völker und die koreanischen Staaten tributpflichtig gemacht und es hat seine Herrschaft nach Süden bis nach Annam und Tongking ausgedehnt; unter dem glorreichsten seiner Herrscherhäuser, den T'ang, hat es die Macht der türkischen Khagane gebrochen und das kriegerische Volk der Tibeter zur Unterwerfung gezwungen, unter dem größten seiner Kaiser, T'ai tsung, der zu den leuchtendsten Herrschergestalten der Weltgeschichte zu zählen ist, überstrahlte der Glanz des gewaltigen Reiches den ganzen asiatischen Kontinent bis in das oströmische Reich und die Länder des nördlichen Indien; unter den Schutz des »Himmelssohnes« flüchteten die letzten Herrscher der persischen Sassaniden, als die muhammedanischen Araber sie ihres Reiches beraubten, und um seine Hilfe flehten die Fürsten der Türken an den Grenzen Sibiriens und die bedrängten Völker der koreanischen Halbinsel. Wiederholt sind dann die Länder des Reiches von den Heeren der tartarischen und mongolischen Großfürsten überrannt worden, aber geistig wurden alle schließlich besiegt; wie eine unwiderstehliche Naturkraft zwang die konfuzianische Staatsordnung sie in ihren Bann, alle fügten sich ein in den Riesenbau des zäsaropapistischen Universalreiches, in dem der Herrscher der Beauftragte Gottes, das Staatsgebiet die Welt, das Volk die Menschheit, das Staatsrecht die Religion war, und was sich nicht einfügte, wurde ausgeschieden. Alle die zahlreichen wesensverschiedenen und rassefremden Völker, die vom 7. Jahrhundert ab das Reich umschloß, wurden von dem konfuzianischen System wie durch einen ehernen Ring zu einer Einheit zusammengehalten. So ist das nach Hunderten von Millionen zählende Volk der Chinesen aus sehr mannigfaltigen Bestandteilen zusammengewachsen, gebildet in derselben Schule, genährt von demselben Wissen, erfüllt von demselben Gedankengut, festgehalten in denselben Lebensformen und geleitet von demselben Weltbilde, bis die auseinanderstrebenden natürlichen völkischen Kräfte, nicht verschwanden, aber gelähmt wurden, und ein Geist alle durchdrang. Die scholastischen Wissenschaften in Philologie und Philosophie, Forschungen in Geographie und Archäologie, die Künste der Malerei, Plastik und Architektur, anfangs auch gewisse Gedanken der Technik konnten in diesem riesigen Gefüge ihre Blüten treiben, das staatliche Prüfungsystem lieferte immer neue Tausende gleichmäßig geschulter und gleichmäßig denkender Beamten, darunter viele vornehme Gestalten von beispielloser Treue und Hingebung, das Ganze ein grandioser Organismus von imponierender Geschlossenheit. Es ist zu verstehen, daß das noch in den Anfängen der Staatsbildung steckende Japan im 7. Jahrhundert nach diesem Vorbilde seinen Staat neu formte, der auf konfuzianischer Grundlage errichtet, in konfuzianischem Geiste geleitet wurde, in seinem Wesen nicht anders als er heute vor uns steht. Politische Zerreißungen des chinesischen Reiches treten vorübergehend noch ein, aber nur durch das Eindringen neuer Fremdvölker, und vom 13. Jahrhundert ab wechseln wohl die Dynastien zwischen den Völkern, aber das Reich geht als Einheit, zusammengehalten von dem inzwischen zum Dogma verhärteten konfuzianischen Lehrsystem, aus einer Hand in die andere, im Innern ist aller Widerspruch verstummt. Das ist die ungeheure Leistung des Konfuzianismus, es gibt keine größere in der Geschichte. Selbst der kulturelle Einschmelzungsprozeß der europäischen Völker während der ersten fünf Jahrhunderte unserer Zeitrechnung, zuerst auf dem Boden des römischen Reiches, dann darüber hinaus, erreicht diese Leistung nicht. Hier entstand nur eine Kulturgemeinschaft, ruhend auf der griechisch-römischen Antike und dem Christentum, in China aber außerdem, wenn auch nach langen und schweren Kämpfen, auch die staatliche Einheit. Was die mittelalterliche Kirche erhoffte und erstrebte, aber nicht erreichte, das war hier vollendet.

Dieser konfuzianische Staat in seiner letzten Ausprägung war es, den die Jesuiten und durch sie die gelehrten Kreise Europas kennen lernten. Wir haben den ersten Eindruck beobachtet, den er auf die nach Ordnung und Sicherheit dürstenden Länder des Westens machte, die mit staunender Bewunderung auf dieses Reich der wohlgeordneten bürgerlichen Tugend, der praktischen Vernunft und der geistigen Selbstsicherheit blickten. Aber man übersah dabei, daß China für die Erlangung dieses Zustandes einen hohen Preis gezahlt hatte, einen Preis, der schließlich unerschwinglich wurde und den Staat zum Erliegen brachte. Die Totalität der konfuzianischen Ordnung, seit ihr im 12. Jahrhundert der Panzer des Dogmas angelegt war, hatte die gleichmäßige Ausgestaltung der Geister gründlich besorgt: eine Kulturwelt von unerhörter Eigenart und Geschlossenheit war geschaffen, aber diese Kulturwelt war nicht mehr das lebensvolle Sammelbecken der vielgestalteten Leistungen einer unendlichen Zahl von frei entwickelten Einzelpersonen, sondern eine einförmige, starre, scheinbar leblose Masse. Gewaltig stand als Verkörperung des konfuzianischen Staatsgedankens das Ganze da, aber die Persönlichkeit war tot, und damit der Lebensquell versiegt. Das war der Preis, den China für die dritte Lösung seiner Schicksalsfrage hatte zahlen müssen.

Hegel, freilich von falschen Voraussetzungen ausgehend, hat die Wahrheit mehr geahnt als erkannt, wenn er sagt: »China ist der Staat, in dem das Subjekt noch nicht zu seinem Rechte gekommen ist«, und ähnlich spricht Ranke von den Völkern Asiens als von »den Völkern des ewigen Stillstandes«. Beide kannten nur den erstarrten konfuzianischen Staat und wußten nicht, daß China eine lange Geschichte hat, die vor der Alleinherrschaft des Konfuzianismus liegt, und daß in dieser Zeitperiode, wie wir gesehen haben, ein buntes, vielgestaltiges geistiges Leben sich entfaltete. Hegels »noch« ist also ebenso unberechtigt wie Rankes »ewig«. Beide haben nicht gesehen, daß hier ein natürliches Gesetz sich ausgewirkt hatte: kein Staat, wenn er ein Rechtstaat sein will, kann — so hat es einmal ein deutscher Pädagoge formuliert — die »Bildung im Sinne eines freien geistigen Lebens« einseitig mechanisieren, und unantastbar bleibt das Recht des Einzelnen auf die eigene Seele. China wollte zwar bewußt kein Rechtstaat sein, aber wir sehen: wo immer gegen dies Gesetz verstoßen wird, verfällt das geistige Leben der Erstarrung und Versteinerung. »Die Persönlichkeit ist nicht zu ersetzen«, heißt es bei Adolf Hitler (»Mein Kampf« I, 387), »sie ist es besonders dann nicht, wenn sie das kulturell-schöpferische Element verkörpert«, und »nie darf vergessen werden, daß im persönlichen Wert der Wert alles Menschlichen liegt, daß jede Idee und jede Leistung das Ergebnis der schöpferischen Kraft eines Menschen ist.«

Die Erkenntnis dieser Wahrheit ist den Chinesen vom Schicksal erst spät und mit erbarmungsloser Härte aufgezwungen worden. Wiederholt sind sie im Laufe ihrer Geschichte mit fremden Kulturen zusammengetroffen, von denen die meisten der ihrigen unterlegen, einige aber durchaus ebenbürtig waren. Schon am Ende der vorchristlichen Zeit lernten sie die Ausstrahlungen der indisch-griechisch-iranischen Kulturwelt kennen und bestaunen, vom 4. Jahrhundert ab wurde ihnen durch den Buddhismus die indische Geisteswelt vertraut, sie lernten die persische Lehre Zoroasters kennen, ebenso wie die des Manichäismus und des nestorianischen Christentums, sie haben in Mittelasien den Pomp und den Stolz des Islams beobachtet und in den Häfen der Südsee die Leistungen der vielgewandten Araber. Wir wissen heute, daß durch alle diese Berührungen zahllose fremde Kulturelemente in das Chinesentum übergegangen sind: Kleidung, Nahrungsmittel, Schmuck, Geräte, Musik, Plastik, Malerei, Tanzkunst haben nicht wenige Anregungen und Neuerungen empfangen, ja sogar die konfuzianische Scholastik hat sich dem Einfluß des Buddhismus nicht entziehen können, aber der Kern des Ganzen, die konfuzianische Lebensformung und das konfuzianische Weltbild blieben unberührt, starr und hart wie ein Felsen im Meer stand der konfuzianische Staat in der flutenden Zeit, frei von allen Zweifeln blickte der in ererbten Denkgewohnheiten verklammerte Literat über die fremden Kulturgedanken hinweg, sie waren ihm nicht der Beachtung wert.

Aber schließlich trat auch in diese Welt der geistigen Selbstgenügsamkeit das Schicksal mit ehernem Schritt. Wir haben gesehen, daß der Geist des Abendlandes im 19. Jahrhundert nicht mehr der gleiche war wie im 17. und 18. Mit brutaler Gewalt riß der Fremdling die Tore des chinesischen Gartens nieder und brach ein in die umhegten Gefilde. Niederlagen und Demütigungen trug man mit Ingrimm, aber im Bewußtsein geistiger Überlegenheit, die technische der Fremden mußte ausgeglichen werden. So begann man, militärisch und technisch das Abendland nachzuahmen, zu dem alleinigen Zwecke, um dadurch vom Abendlande frei zu kommen. Aber die Geschichte, die sich so oft wiederholt hatte, wiederholte sich diesmal nicht. Es ging nicht mehr um die Dynastie, nicht mehr um Eroberung und Übernahme der Macht, sondern es war ein ungewollter, aber darum um so wirksamerer Angriff auf die Fundamente des Ganzen, auf die konfuzianische Weltanschauung selbst. Langsam und unaufhaltsam löste sich die Starre der chinesischen Seele, innerhalb eines halben Jahrhunderts fielen die Fesseln des Dogmas, die Schranken, in denen das Denken sich wenigstens sieben Jahrhunderte bewegt hatte, und frei entfaltete der Genius eines erwachenden Volkes seine Schwingen. Schon am Ende des 19. Jahrhunderts war die chinesische Jugend vom Zweifel erfaßt, sie zog Vergleiche zwischen der Weisheit der Vorfahren und der neuen des Westens und wurde sich rasch über das Wesen beider klar. »Die Europäer sagen,« so las man damals in einer der zahllosen Flugschriften, »daß die gesamte Menschheit durch göttlichen Willen das Recht auf die Persönlichkeit erhalten hat. Darum hat jeder Mensch und jeder Staat das Recht auf die Persönlichkeit, und niemand darf einem anderen dies Recht beeinträchtigen. Wer dies tut, verstößt gegen die göttliche Rechtsordnung, verletzt die sittliche Norm der Menschheit.« Viele von uns sind Zeugen gewesen, wie der Strom des neuen Denkens zur Sturmflut schwoll und die alten Formen unterspülte, aus denen längst die lebendige Kraft entwichen war. Im Jahre 1911 stürzte der altersgraue Bau des konfuzianischen Staates zusammen, eine neue Periode der chinesischen Geschichte brach an.

Unmittelbar nachdem der tragende Hauptpfeiler des konfuzianischen Systems, der Zentral-Herrscher, entfernt war, löste sich auch das haltende Band, die gelähmten völkischen Kräfte erwachten und strebten auseinander. Die Einheit des Reiches war wieder dahin, die einzelnen Landesteile fanden ihre eigenen Gewalthaber, auch die Zeit der dritten Lösung des großen Problems war abgelaufen. Das konfuzianische System ist tot und wird nicht wieder lebendig. Damit ist die geschichtliche Entwicklung da wieder angelangt, wo sie einst nach dem Zusammenbruche des Einheitstaates der Ts'in-Kaiser gestanden hatte, als die Han nach einer neuen Staatsform suchten, ohne wieder zum Lehenswesen zurückzukehren. Inzwischen aber ist eine andere Welt entstanden, nicht bloß im Vergleich zur Han-Zeit, sondern auch zu dem Jahre 1911. Nicht nur die politischen Gefahrzonen haben sich vermehrt — das haben sie schon oft getan —, sondern eine wirtschaftliche und kulturelle, ja eine gesamtgeistige Krisis ohne Gleichen durchschüttelt die Menschheit und belehrt die Völker Europas darüber, was kluge und gelehrte Männer noch immer nicht recht glauben wollen, daß die Weltgeschichte sich nicht ausschließlich zwischen dem Ural und dem Atlantischen Ozean abspielt, sondern daß ihre Kraftfelder über den ganzen Erdball verstreut sind, und ihre Wellen durch alle Völker hindurchgehen. In dieser Lage, im Innern durchwühlt von wirr durcheinander laufenden politischen, wirtschaftlichen und geistigen Strömungen, die aus der gesicherten, alt gewohnten Bahn geworfen sind und neue Wege suchen, dabei gehemmt durch die Schranken der Exterritorialität der fremden Mächte, von außen durch einen militärisch stärkeren Gegner unablässig bedrängt, sucht China nach der vierten Lösung. Das ist die sogenannte chinesische Frage von heute. Es ist leicht, über die Anstrengungen der führenden Männer die Nase zu rümpfen und ihnen vortreffliche, aber unverwendbare Ratschläge zu erteilen; die Probleme und Aufgaben, denen China sich heute gegenübergestellt sieht, sind von so riesigem Ausmaße, daß wir keine Parallelen dafür finden, und europäische Krisen, die als das Jahrhundert überragend dargestellt werden, dem gegenüber als zwerghaft erscheinen. Vieles von dem, was die politischen Leitungen in China tun, will nicht passen in unsere abendländischen Erfahrungen und Denkgewohnheiten, aber Urteile sollten mit Vorsicht gesprochen werden, sie lassen sich nur aus den Tiefen der Geschichte heraufholen. Ich habe starke Zweifel — und heute mehr denn je —, ob irgend ein anderer Staat im Westen oder Osten mit den Problemen der »chinesischen Frage« besser fertig werden würde als China.

Wir kehren zurück zu unserer Wissenschaft. Was kann und soll die Sinologie tun angesichts dieses Umsturzes auf allen Gebieten menschlichen Wirkens in der ostasiatischen Welt? Ich kann hier nur die Antwort wiederholen, die von dieser Stelle aus hinsichtlich des vorderen Orients gegeben worden ist. »Zu der gemeinsamen Arbeit mit den Gebildeten des Ostens soll sie die beiden kostbaren Güter europäischer Bildung beisteuern: die Methode freier geschichtlicher Forschung und das vorbehaltlose und unbefangene Anteilnehmen an allem Geschichtlichen und Lebendigen«. Persönliches Empfinden treibt mich, auf dieses letzte den stärksten Ton zu legen. Wir müßten nicht Deutsche sein, und uns nicht in der Lage befunden haben, in der wir sechzehn Jahre gewesen sind, wenn wir nicht inmitten alles Forschens, alles Suchens nach der Wahrheit im Hinblick auf dieses Ringen eines großen Volkes um sein Selbst und um seine Zukunft auch unser Herz mitsprechen ließen. Als ich vor 37 Jahren im Gefolge eines preußischen Prinzen von einer Audienz beim chinesischen Kaiser in dem Sommerpalast *Wan-schou schan* durch den Park zurückging, schritt neben mit der greise Minister Wêng T'ung-ho, eine hohe, ehrfurchtgebietende Gestalt, einer der würdevollsten Vertreter konfuzianischen Gelehrtentums. Der Prinz hatte, unter Beiseitesetzung aller bis dahin geltenden Formen, auf Einladung des Kaisers auf dem Thronsitz mit Platz genommen, und Wêng T'ung-ho sagte mit einer vor Erregung leise zitternden Stimme zu mir: »Unerhörtes haben wir heute erlebt, etwas, für das es keinen Vorgang in der chinesischen Geschichte gibt.« Nichts Bitteres klang bei diesen Worten mit, wohl aber die überwältigende Erkenntnis, daß eine neue Zeit mit unbekannten Zügen emporstieg. So tief hat sich dies Bild mir eingeprägt, daß es mir bis heute in der Seele lebt. Mir scheint, daß dieses kleine Erlebnis kennzeichnend ist für die seelischen Vorgänge in dem ganzen Volke, dem die tausendjährige Welt seiner Vorfahren in Trümmer ging. Hierfür das Verständnis zu fördern, zugleich aber auch die unübersehbare Bedeutung dieser weltgeschichtlichen Entwicklung durch Verstehen der Vergangenheit zu begreifen, das scheint mir heute eine Hauptaufgabe der Sinologie zu sein. Wir haben ja früher hier gesehen, daß die bis in die seelischen Urgründe des Völkerdaseins greifende Bewegung die ganze asiatische Welt, Japan nicht ausgenommen, in ihre Wirbel gezogen hat, und es ist Sache unserer Orientalistik überhaupt, sie am Leitfaden der Geschichte zu verfolgen. Wir werden dann dem uralten Irrtum begegnen können, von dem China sich eben frei macht, der aber, wie wir ebenfalls früher hier gehört haben, sich anderwärts wieder festsetzt, jener Idee des Ausgewähltseins, der Vorstellung, daß ein bestimmtes Volk oder eine bestimmte Rasse, natürlich immer die eigene, alle Kultur der Welt hervorgebracht habe. Auf der anderen Seite aber werden wir die Wahrheit erkennen, der sich der Konfuzianismus zu seinem Verderben so hartnäckig verschlossen hat, daß jedes Volk berufen ist, nach Art und Maß seiner Kräfte an der Fortentwicklung des Ganzen teilzunehmen, und daß es eben diese Kräfte mit Bewußtsein pflegen soll, anstatt der Utopie einer Menschheits-Gemeinschaft oder eines Universalstaates nachzustreben. Deutlich bleibt nur und heute klarer erkennbar als früher die Einheit alles großen geschichtlichen Geschehens. Dunkler noch und rätselvoller als sonst steht heute vor allen Völkern die Zukunft, und wir können uns nur an das Vorbild unseres größten Staatsmannes halten, der wußte, daß »wir den Strom der Geschichte nicht machen und nicht lenken können«, und sich demütig unter die Hand der waltenden Vorsehung beugte. Nichts kann besser als die chinesische Geschichte lehren, daß stärker als aller Menschenwitz und Menschenwille jene geheimnisvollen Mächte sind, die unserer Erkenntnis für immer entzogen bleiben, weil sie Auswirkungen des Ewigen sind, in dessen Bereich kein menschlicher Scharfsinn dringt. Nur Völker, die den Willen zur Zukunft haben, können Werkzeuge der Vorsehung werden, sonst zerfallen sie und gehen auf in stärkeren Trägern der göttlichen Weltordnung. Es fehlt zuweilen nicht an Zeichen der Kleinmut oder des Gegenteils bei den Völkern Chinas, die heute nach dem Wege suchen, eine Nation zu werden, aber wo so ungeheure geistige und physische Energien wach geworden sind, da scheint Verzagtheit nicht am Platze; andererseits sollte freilich von dem jungen China auch nicht vergessen werden, daß der Stolz auf eine große Vergangenheit zu Leistungen verpflichtet. Ziemt nicht gerade uns mehr als Anderen solcher Zuspruch? Sind nicht auch wir durch die Niederungen des Unglücks und der Schande hindurchgeschritten? Drohten nicht auch uns zuweilen Verzagtheit und Verzweiflung zu überkommen? Und haben wir uns nicht immer wieder an einem gläubigen »Dennoch« aufgerichtet? Gerade vom deutschen Sinologen muß erwartet werden, daß er aus seiner Wissenschaft heraus dem schwer ringenden Volke im Osten ein teilnehmendes Verstehen entgegenbringt. Zu der Ehrfurcht vor dem Gewordenen, die immer ein schöner Zug im chinesischen Charakterbild gewesen ist, muß sich hier wie dort der Entschluß gesellen, das unantastbare Recht eines gesunden Volkes und im besonderen seiner Jugend allen zum Trotz festzuhalten, das Recht auf eine bessere Zukunft.

OSTASIATISCHE KUNST

VON

OTTO KÜMMEL

25. Februar 1935

Das Thema meines heutigen Vortrages umschreibt ein weiteres und ein engeres Gebiet als das meines Vorredners. Ich habe die bildende Kunst, nicht nur Chinas, sondern ganz Ostasiens, aber ich habe nur die bildende Kunst Ostasiens zu behandeln, also nur eine, wenn auch keineswegs eine unwichtige Äußerung der ostasiatischen Kultur oder Kulturen. Denn sie ist die Äußerung, die sich unmittelbar anschaulich unserem stärksten Sinne darstellt. Damit ist nicht gesagt, daß wir sie »verstehen« — wer glaubt, daß er irgend etwas versteht, ist wahrlich nicht zu beneiden, noch weniger freilich, wer glaubt, das, was er nicht versteht, gehe ihn nichts an. Es liegt ja im tiefsten Wesen des Menschen, daß er seine stärksten Anstrengungen gerade auf das richtet, was er nicht versteht.

Am Werke der bildenden Kunst sehen wir zunächst nur die Form. Sie ist keineswegs unwesentlich, wie man heute betonen muß, wo soviel um die Kunst herum geredet wird: auch die Form wird aus den tiefsten Tiefen des Künstlers, des Volks, der Rasse geboren. Aber die Form ist nicht alles, wie man dem Künstler sagen muß, zu dem im fremden Werk immer nur die Form spricht. Jedes Kunstwerk ist ein Fragment, es ist nie in sich vollendet. Hinter der Darstellung, die wir sehen, liegt eine ganze Welt von Vorstellungen, die wir nicht sehen, die auch der Schöpfer nicht sieht, so wenig wie der, für den er geschaffen hat, und die doch im Werke sich mächtig offenbaren. Daß wir heute eine ägyptische Statue, einen griechischen Gott, einen romanischen Heiligen, ein

Renaissancebildnis ganz anders sehen, als die Männer, unter denen und für die sie geschaffen wurden, daran ist kein Zweifel möglich. Wir sehen sie anders, nicht nur, weil wir überhaupt anders sehen — dafür hat vor allem die Photographie gesorgt —, sondern weil uns die allgemeinen Vorstellungen fehlen, aus denen das Kunstwerk erwachsen ist. Diese Vorstellungen werden auch durch kein Studium zugänglich und mitteilbar. Ich halte es für einen Irrtum, zu glauben, daß der kundigste Ägyptologe oder klassische Philologe, der von ägyptischem oder griechischem Götterglauben vielleicht sehr viel mehr weiß als die Ägypter und Griechen selbst, ein ägyptisches oder griechisches Götterbild so sehen könne, wie der Ägypter oder Grieche. Er weiß eben nur vom Götterglauben, der andere glaubt die Götter. Es mag Ihnen absurd erscheinen, nach meiner Meinung ist es aber wahr, daß ein katholisch Weiblein, das sich vor einem gothischen Marienbilde im Museum fromm bekreuzt, im Grunde dem Bilde und seinem Schöpfer näher steht als der Kunsthistoriker, der über Technik, Form, Alter, Schule die trefflichsten Bemerkungen macht. Diese unpersönlichen Kräfte, die im Kunstwerk wirken, werden wir in einem Werke anderer Kultur, ja auch nur anderer Zeit, die immer auch eine andere Kultur bedeutet, nicht erkennen. Ich sehe keinen Grund, darüber zu trauern, denn dafür wirken aus ihnen in uns andere Kräfte. Den Werken der räumlichen Kunst ist vielleicht die unmittelbare Wirkung versagt, die den Künsten des Wortes und des Tones vergönnt ist, und wenn sie uns manchmal als der eigentliche Ausdruck ihrer Zeit erscheinen, so liegt es daran, daß die anderen Formen des Ausdrucks uns verloren gegangen sind. Dafür haben sie die dauernde Wirkung auch außerhalb ihrer Welt. Sie sind, wenn auch häufig stark verändert, sichtbar. Sie sind nicht von der sprachlichen Hülle umgeben, die immer, selbst zu ihrer Zeit, dem größten Teile der Menschheit Hülle bleibt und sich durch keine Übersetzungskunst völlig beseitigen läßt. Ihre Form altert nicht — und wie rasch altert die Sprachform, selbst für die eigene Welt! Goethe, kaum hundert Jahre von uns gegangen, schreibt ganz und gar nicht mehr unsere Sprache. Selbst seine Wörter sind nicht mehr unsere Wörter, sie haben ihre Bedeutung gewandelt — wie bedeutend war das Wort 'bedeutend' noch zu Goethes Zeit, und was bedeutet es jetzt, fast nichts mehr! Shakespeare, von dem wir durch die kurze Zeitspanne von 350 Jahren getrennt sind, kann auch von dem gebildeten Engländer von heute nur mit dem Lexikon in der Hand gelesen werden, und selbst der Shakespearekenner, der das Lexikon nicht mehr braucht, liest ihn wie einen Dichter in fremder Sprache. Er ist wahrlich für uns Deutsche lebendiger, weil wir ihn in einer uns näher stehenden deutschen Übersetzung kennen. Werke der bildenden Kunst dagegen altern nicht, sie sind sozusagen zeitlos, sie werden alt und wieder jung. Was unseren Urgroßeltern gleichgültig, ja beinahe unsichtbar war, kann in uns wieder eine große Macht werden. 650 Jahre stehen die Stifterfiguren im Naumburger Dom, der an der Straße liegt und seit 650 Jahren jeden Sonntag von einer andächtigen Menge gefüllt ist. Mehrere hundert Jahre waren sie da und doch sozusagen aus der Welt gegangen — jetzt sind sie wieder in alter Macht erstanden und in unserem Bewußtsein lebendig. Die Statuen des Alten Reiches sind unzweifelhaft 4000 und einige Jahre alt. Für uns sind sie knapp hundert Jahre alt — und sind sie's wirklich? Sind sie nicht ihrer Wirkung nach ganz einfach aus unserer Zeit? Sie sind ganz andere als in den Tagen ihrer Schöpfung — damals sollten sie ja großenteils überhaupt nicht gesehen werden, sondern waren verborgene Träger geistiger Kräfte —, sind sie nicht aber eigentlich lebendiger als damals?

So gibt uns die räumliche Kunst über alle Abgründe von Raum und Zeit hinweg ein sicherlich trügendes, aber dafür ein anschauliches Bild von den Menschen, die sie schufen, trügend nur wie ein Blitzstrahl, der eine Landschaft doch besser erhellt als tausend qualmende Lampen.

Was das für die ostasiatische Kunst bedeutet, brauche ich in diesem Kreise nicht auszuführen. Ostasien bewohnt und bewohnte zu allen geschichtlichen Zeiten ein Fünftel der Menschheit, und der Teil der Menschheit, der sich allein ebenbürtig und im wesentlichen selbständig neben die Menschheit um das Mittelländische Meer stellt. Ebenbürtig? — das wird manchen heftigen Einspruch hervorrufen. Wenn er sieht, wie sich jetzt die ganze Welt, auch

Abb. 1. Chung Jên, China, 2. H. 11. Jahrh. Landschaft. Tusche auf Seide. Br. 24,5 cm. Museen, Berlin

A bb. 2. China, 12. Jahrh. Landschaft. Leichte Farben auf Seide. H. 124 cm. Konchiin, Kyōto

Abb. 3. China, 13. Jahrh. Ferne Tempelglocken. Tusche auf Papier. H. 27,8 cm.
Tōkyō, Graf Matsudaira

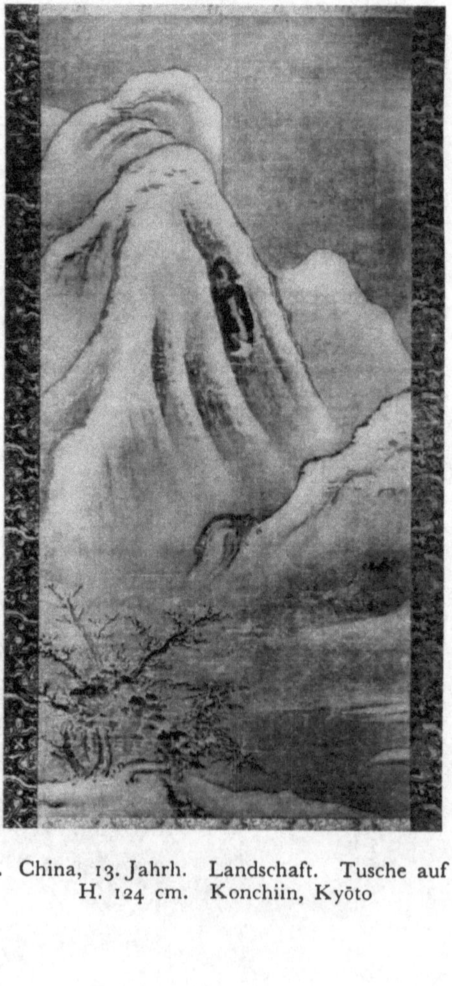

Abb. 4. China, 13. Jahrh. Landschaft. Tusche auf Seide.
H. 124 cm. Konchiin, Kyōto

die ostasiatische, Hals über Kopf in die allein seligmachende europäische Kultur, die Kultur der Wissenschaft und Technik, hineinstürzt, so mag der Europäer allerdings gar keinen Grund finden, an seiner Gottähnlichkeit bange zu werden. Aber wie sah's vor 200, wie vor 500 oder 1000 oder 2000 Jahren aus? Und wie wird es in 500 Jahren aussehen? Wir sind sehr geneigt, den gegenwärtigen Zustand, namentlich wenn er unserer Eitelkeit schmeichelt, für endgültig zu halten. Und ich glaube, daß sich dem Nachdenklichen schon jetzt viele Zeichen einer gründlichen Kraftverschiebung aufdrängen, von denen Sie ja auch an dieser Stelle manches gehört haben.

Auch von der Selbständigkeit der ostasiatischen Kulturen wird mancher nichts wissen wollen. Ich bitte, mich nicht mißzuverstehen. Die chinesische Mauer, eine der wenigen ostasiatischen Dinge, die auch ins europäische Bewußtsein übergegangen sind, wenn auch, wie üblich, falsch, die chinesische Mauer ist, selbst in ihrem heutigen Verfall, das gewaltigste Bauwerk, das die Menschheit je geschaffen hat, aber sie hat nur kurze Zeit bestanden und, solange sie bestand, kein Mongolenpferd aufgehalten. Geistig, wie wir sie verstehen, hat sie nie bestanden. Wir wissen jetzt, daß schon im 3. Jahrtausend v. Chr. — ich bitte dieses Datum mit dem sehr erheblichen Klumpen Salzes zu nehmen, das auch den Datierungen der europäischen Vorgeschichte die Würze gibt — daß schon im 3. Jahrtausend vor Christus sehr merkwürdige, wenn auch keineswegs geklärte Beziehungen zwischen dem Kerne des späteren China und dem Westen, besonders Südosteuropa, bestanden haben. Wir wissen, denn wir können sehen, daß zur Zeit des sterbenden Hellenismus bis in die Zeit des römischen Weltreiches — Weltreiches nur in Bezug auf die westliche Welt — China zwar sehr wenig vom Westen, der Westen fast nichts von China *wußte*, daß aber westliche Kunst und Technik chinesische Kunst und Technik mächtig verändert und, wir dürfen sagen, gefördert haben. Wir haben zweifellos die Bedeutung der griechisch beeinflußten Kunst von Gandhāra im nordwestlichen Indien für die chinesische Kunst lange wesentlich überschätzt. Der Buddhismus aber ist indisch, seine Götterwelt ist und konnten sie nichts sehen — nicht weil sie dumm und blind waren, wie wir meinen könnten, sondern weil sie so reich waren, daß ihnen der ganze fernöstliche Kram gleichgültig blieb. Sie standen noch fest im Barock und glaubten, fest in der Antike zu stehen. Sie hatten daher dasselbe Recht zur Ungerechtigkeit, das der Künstler hat, der nur das gelten läßt, was ihm als Künstler etwas gibt. Das Porzellan und noch allerlei Schmuckformen und -mittel, die man an zufällig herübergekommenen chinesischen und japanischen Kuriositäten kennen gelernt hatte, waren immerhin stark genug, um unsere Kunst für eine Weile beinahe aus ihrer Bahn zu werfen. Zu Ende des 18. Jahrhunderts steckt der strenge Klassizismus, später die Romantik, diesen ganzen indianischen Plunder samt seinen japanischen Pavillons und chinesischen Gärten in die Rumpelkammer. China wird für das europäische Bewußtsein eine groteske Fratze, Japan kaum ein geographischer Begriff, — bis in den 50er Jahren die groben Fäuste der Amerikaner, Engländer, Russen an die verschlossene Pforte des Inselreiches klopfen, das schon lange, die Hand am Schwert, auf die bedrohlichen Geräusche draußen lauschte. Die Tür flog auf, aber das Gedränge der Beutelustigen am Eingang war so groß, daß sie erst ins Haus gelangten, als der wenig erfreute und keineswegs willenlos ergebene Hausherr sich schon sehr unangenehme Waffen hatte hereinreichen lassen, die eine friedliche Durchdringung nach europäischer Art doch etwas gewagt erscheinen ließen. Inzwischen hatte er sich aber einiges Hausrats entledigt, den er in dem erwarteten Kampfe für lästig hielt. So flatterten nach Europa allerlei lustige Volksbilderbogen und Volksbücher, Farbenholzschnitte zumeist, Landschaften, wie sie der reiselustige Japaner Frau und Kindern zum Andenken mitbrachte, Bilder von schönen und zugänglichen Frauen der Hauptstädte, von Schauspielern und Ringern, von Abenteurern und Helden, wie sie der japanische kleine Mann verehrt. Und die europäischen Maler, die diese billigen Wunder sahen, sperrten die Augen verwundert und entzückt auf. Ohne Wahl riß man sich die Bilder und Bücher aus den Händen. Meistern wie Manet, Monet, Degas, später van Gogh gelang es sogar, in diesen bescheidenen Bilderbogen künstlerische

Abb. 5. China, 13. Jahrh.? Wasserfall. Leichte Farben auf Seide. Br. 92 cm. Chishakuin, Kyōto

Abb. 6. Chu Ta, China, Mitte 17. Jahrh. Landschaft. Tusche auf Papier. H. 23,1 cm. Japan, Privatbes.

Abb. 8. Tier an der Grabstraße. Grab des Hsiao Hsiu († 518). Stein

Abb. 7. Rosetsu, Kyōto 1744—1799. Landschaft.
Leichte Farben auf Papier. Japan, Privatbes.

Geheimnisse zu finden, die niemals in ihnen gelegen hatten — wie so oft haben sich auch hier Mißverständnisse fruchtbarer erwiesen als Erkenntnisse — und Duret, die beiden Goncourt, Émile Zola, der einst die Welt durch seinen roman expérimental entsetzte und entzückte und heute beinahe vergessen ist, setzten diese Entdeckungen in reichliche Literatur um.

Und es blieb nicht bei den Holzschnitten. Keramik folgte, die mit den alten Porzellanen nicht das Geringste gemein hatte, eine Keramik, die dem Europäer nie geahnte Kräfte dieses bescheidenen Stoffes offenbarte, und Lacke von beinahe schmerzhafter Vollendung. Hunderttausende von Schwertern wurden altes Eisen, als die japanische Regierung den Kriegern erst das Tragen ihrer stolzen Waffe verboten, dann, noch wirksamer, jedem Kuli das Tragen von soviel Schwertern, wie er wollte, erlaubt hatte. Sackweise, wie die Kartoffeln, verpackt, wanderten die Stichblätter und der andere Schwertschmuck, kleine Wunder der Metallkunst, nach dem gierigen Westen. Daß die japanischen Vermittler in diese Werke alter Handwerkskunst bald die verworfensten Produkte einer rasch aufblühenden Exportindustrie, Zeugen nicht japanischen Geschmackes, sondern der japanischen Meinung von unserem Geschmacke, einschmuggelten, merkten die wenigsten. Diese widerwärtigen Wechselbälge wurden ebenso und gläubiger bestaunt als das echte Gut. Das Beste behielten die Japaner natürlich für sich, im Anfang ganz gegen ihre Absicht, einfach weil die Europäer es nicht wollten. Der Rausch des Westlertums dauerte aber in Japan nicht lange. Einige Einsichtige waren auch im wildesten Taumel der Europäisierung ihrer Art treu geblieben, und bald erkannte auch die Menge, daß eigentlich das nicht ganz wertlos sein könne, um dessen Abfall sich die bewunderten Männer des Westens rissen. Sie erkannte, daß es nicht nötig sei, das Haus anzuzünden, um es zu verteidigen, und wandte sich auf allen Gebieten wieder reumütig den alten Göttern zu. Inzwischen hatten sich auch in Europa einige Tieferblickende, ich nenne in Deutschland nur Ernst Grosse, an einzelnen, seltsam anders aussehenden Werken und an den Abbildungen der ersten wirklichen Kunstzeitschrift, der *Kokka*, zu gelinden Zweifeln durchgerungen, ob alle die hübschen Dinge, die man in den europäischen Läden sah, wirklich die japanische Kunst seien. Die Ahnung wurde zur Gewißheit, als die japanische Regierung 1900 in dem unvergeßlichen Pavillon im Trocadéro vor den Augen der immer noch nicht sehr vielen, die sehen konnten, eine Auswahl aus den Schätzen der japanischen Tempel und Sammlungen ausbreitete, und als die großen japanischen Veröffentlichungen uns allmählich das kennen lehrten, was den Japanern selbst der Mühe wert schien. Jetzt mußte es der europäische Sammler aber aus der Ferne bewundern. Es zu erwerben war sehr schwer geworden, denn der japanische Sammler verwehrte mit flammendem Schwerte den Eingang zum Paradies — in Japan würde es soziale Pflicht sein, sich mit Schönem zu umgeben, wenn etwas so Selbstverständliches überhaupt eine Pflicht sein könnte. So ging die japanische Periode in dem Augenblicke ihrem Ende zu, als wir zur japanischen Kunst vordrangen. Das Unerreichbare hört auf, zu gefallen. Immerhin hat diese Zeit des Japonismus tiefe Spuren in unserer Kunst hinterlassen. Der Impressionismus ist aus einem Mißverständnisse der japanischen Kunst hervorgewachsen, unsere ganze gewerbliche Graphik ist japanisches Gewächs, und im sogenannten Jugendstile hat uns die wilde Ehe zwischen europäischem Ungeschmack und mißverstandenem japanischem Geschmack einen greulichen Bastard zu dauerndem Andenken hinterlassen. Im ganzen werden wir dieser Zeit, da Europa in Japan eine geistige Anleihe nach der anderen auflegte, eher zu fluchen als zu danken haben, und ich fürchte, daß der neueste Versuch, der eigenen Armut durch Kredite im Fernen Osten, nämlich beim japanischen Hause aufzuhelfen, nicht viel erfolgreicher auslaufen wird. Das japanische Haus ist zweifellos eine der wundervollsten Schöpfungen der Menschheit, und wir können sehr viel von ihm lernen — vor allem aber, daß wir nichts von ihm lernen können.

China war in dieser Zeit beinahe vergessen, abgesehen vom Porzellan, das sich die alte Schätzung bewahrt hatte. Wenn ein Japaner zu den enthusiastischen Lobpreisungen seiner Kunst, besonders der Originalität ihrer Komposition, ihrer Motive, ihrer

Technik mit freundlichem Lächeln bemerkte, daß das alles im Grunde genommen chinesisch und um so chinesischer sei, für je originaler japanisch es gehalten wurde, so wurde das als ein rührender Beweis für die Bescheidenheit dieser harmlosen Kinder betrachtet und im übrigen ignoriert. Es wäre falsch zu sagen, daß auch hier Hochmut vor dem Fall kam, denn die Japaner haben sich immer freudig als Schüler der Chinesen bekannt. Aber der Fall kam. Er kam gerade in dem Augenblicke, als die Liebe zu Japan erkaltete, weil es sich dem europäischen Liebhaber versagte. Schon im Jahre 1900 hatte ein japanischer Händler den Pariser Sammlern eine gar nicht einmal kleine Sammlung chinesischer Bronzen gezeigt, die von all dem, was man so chinesische Kunst nannte, durch einen Abgrund getrennt waren. Paris unterlag dieser Lockung nicht, und der größte Teil der Bronzen wanderte in eine deutsche Privatsammlung — jetzt sind sie in Berlin. Wenige Jahre später aber wurde auch China aus dem Schlaf gerüttelt. Die ersten großen Eisenbahnbauten in den alten Kulturprovinzen, die mit europäischer Rücksichtslosigkeit durch den heiligen chinesischen Boden stießen, schnitten namentlich in der Nähe des alten Kulturzentrums Lo-yang unzählige Gräber an, die schonungslos zerstört und ausgeraubt wurden, aber sehr neue und sehr merkwürdige Dinge zu Tage förderten — Terrakottastatuetten von erstaunlicher Anmut und Leben und Bronzegefäße von unerhörter Macht der Form und unvergleichlicher Schönheit der Farbe. Versuchsweise wurden diese Funde zunächst nach Japan, dann auch nach Amerika und Europa gesandt und fanden um so begeistertere Aufnahme, als Japan sich inzwischen verschlossen hatte. Dadurch ermutigt, setzte ein wildes und geheimes Raubgraben ein — denn theoretisch sind noch immer die chinesischen Gräber heilig und unverletzlich —, das die japanischen, amerikanischen, europäischen Sammlungen um kostbarsten Besitz bereicherte — und ungeheuerlich viel zerstörte. Fast gleichzeitig brachten die politischen und wirtschaftlichen Wirren die chinesischen Sammlungen, namentlich der Mandschufamilien, in Fluß, und wir lernten endlich die chinesische Töpferei kennen, die nicht nur für uns, sondern auch für die Chinesen etwas bedeutet. Ein Franzose, Chavannes, lenkte durch seine Aufnahmen und Beschreibungen der mächtigen, mit überreichem plastischen Schmuck gezierten Höhlentempel Nordchinas die Aufmerksamkeit des Westens, mit dem Japan von jetzt an immer zusammen genannt werden muß, auf die buddhistische Plastik Chinas, die den Chinesen selbst herzlich gleichgültig war. Der ausgezeichnete Gelehrte hat sich schwerlich träumen lassen, daß er damit die Furie der Vernichtung entfesselte. In wenigen Jahren hat menschliche Gewinnsucht — Chinesen, Japaner, Europäer, Amerikaner in trautem Verein — mehr zerstört, als ein Jahrtausend wechselvoller Schicksale zerstören konnte. Dafür füllten sich die Sammlungen und Museen, vor allem der Vereinigten Staaten, mit roh herausgeschlagenen Köpfen und Rümpfen, meist frommen Massenarbeiten, die nur im Zusammenhange der großartigen Höhlenanlagen etwas bedeuteten. Von diesem dunklen Grunde ostwestlicher Raubgier und Gewinnsucht heben sich die wenigen wissenschaftlichen Ausgrabungen leuchtend ab, die nicht nur Handelsobjekte brutal aus der Erde und ihrem Zusammenhang rissen, sondern nach der Ethik europäischer Wissenschaft den inneren Sinn der Funde wahrten und deuteten. Dem unter schwedischer Führung stehenden geologischen Landesdienste verdanken wir die Entdeckungen in Honan und Kansu, die der Frühgeschichte Chinas auch den letzten Rest legendarer Wahrheit nahmen, dafür aber schon das älteste China in das Licht weltgeschichtlicher Zusammenhänge rückten. Die Ausgrabungen in An-yang, die leider noch immer nicht ganz den Charakter der Raubgrabungen verloren haben, stellten die Geschichte der nach der Überlieferung zweiten der chinesischen Dynastien zu Ende des 2. Jahrtausends vor Christus und ihre Kultur auf festen geschichtlichen Boden. Die mit allen Mitteln der Spatenwissenschaft durchgeführten Forschungen der Japaner in chinesischem Kolonialgebiet, die Grabungen der Russen in der Mongolei bewiesen sehr überraschend, wie stark das mittelländische Kraftfeld schon zur Zeit des römischen Imperiums bis zum Fernen Osten ausgestrahlt hat. Auch der etwas gewaltsamen Erkundung der Höhlen von Tun-huang in

Abb. 9. Han Jê-cho, China um 1100. Sperlinge. Leichte Farben auf Papier.
H. 22.5 cm. Museen, Berlin

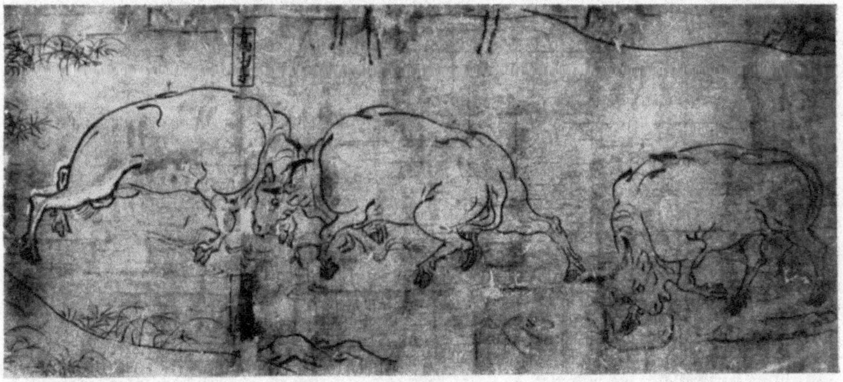

Abb. 10. Japan, 12. Jahrh. Kämpfende Stiere. Tusche auf Papier. H. 30 cm.
(Ausschnitt)

Abb. 11. Wu Chên, China 1280—1354. Bambus im Winde. Tusche auf Seide. Museum, Boston

Abb. 12. China, 13. Jahrh. Diospyros-Früchte. Tusche auf Papier. H. 36 cm. Ryūkōin, Kyōto

Kansu, deren Ergebnisse englische und französische Museen füllen, werden wir dankbar sein müssen, denn sie hat höchst wahrscheinlich die einzigen erhaltenen Werke chinesischer Malerei des 7. bis 10. Jahrhunderts vor sicherer Vernichtung gerettet.

Ich würde sehr gerne, wie Herr Kühnel, sagen, daß die europäische Wissenschaft den Hauptteil an dieser Weitung und Vertiefung unserer Anschauung hat. Leider ist es nichts damit. China sowohl wie Japan haben sich zu allen Zeiten selbst sehr intensiv mit ihrer Kunst, oder was ihnen ihre Kunst bedeutete, beschäftigt. China hat, viel früher als Europa, nämlich seit dem 5. Jahrhundert, geradezu eine Kunstwissenschaft besessen, wenn es auch von den bildenden Künsten nur Malerei und Kalligraphie der Ehre der Beachtung würdigte und über die ästhetische Betrachtung der Kunstwerke und Lebensbeschreibungen der Künstler kaum zu einer Kunstgeschichte vordrang. Um die Wende des 1. und 2. Jahrtausends gibt es, immer freilich mit Beschränkung auf diese beiden Künste, eine Kunstgeschichte schon im europäischen Sinne. Japan tritt erst im 17. Jahrhundert literarisch auf, hat aber schon Jahrhunderte vorher durch ein ausgebildetes Expertenwesen, das sich auf ein viel weiteres Gebiet erstreckte als in China, Vorarbeit für die Kunstgeschichte geleistet. In neuerer Zeit hat es zweifellos die Führung. Alles, was Europa, ein wenig auch Amerika, für Kenntnis und Verständnis der japanischen Kunst getan hat, bedeutet schlechtweg nichts gegen die Arbeit der Japaner selbst. Vor China steht Europa nicht ganz so nackt und bloß. Es war immer einseitiger als das handwerksfreudige Japan und hat sich nie recht dazu verstehen wollen, künstlerische Götter neben der Malerei und Kalligraphie — uns ein versiegeltes Buch — anzuerkennen. Die Veröffentlichungen über Keramik, die man mir entgegenhalten könnte, gehören der Gewerbe- und Handelsgeschichte, nicht der Kunstgeschichte zu. Auf ihre Baukunst, ihre Plastik, ihre Gerätekunst haben erst die Europäer und Japaner die Chinesen gewiesen, und im Grunde genommen wollen sie immer noch nichts rechtes von diesen banausischen Künsten wissen.

Trotzdem werden wir uns damit abfinden müssen, daß wir

wohl Fragen stellen, daß aber nur die Ostasiaten selbst die Antworten geben können. Den bei weitem größten Teil des Stoffes bewahrt nach wie vor Ostasien, und nur Ostasien besitzt das Werkzeug, ihn zu bearbeiten. Die europäische Wissenschaft mag sich mit dem Bewußtsein begnügen, es ihm geschmiedet zu haben. Sonst wird sie sich bescheiden müssen, unserer Welt so gut es geht zu übermitteln, was jene Welt erarbeitet hat und gelegentlich einmal die uns überlieferten Bauglieder nach unserer Art zusammenzufügen. Die weitere und letzte Aufgabe, die, mit Jakob Burckhardt zu sprechen, »ungeheure Tatsache« der ostasiatischen Kunst, die nur die Ostasiaten selbst feststellen können, in den Bau der allgemeinen Kunstwissenschaft einzuordnen, wird wohl wieder uns zufallen.

Von dieser »ungeheuren Tatsache« Ihnen im Laufe der mir verbliebenen wenigen Minuten eine Vorstellung zu geben, ist, wie Sie mir zugestehen werden, ein unmögliches Unterfangen. Ostasien — ich rechne die Kolonialgebiete Chinas nicht mit ein — ist kaum kleiner als Europa ohne Rußland. Seine Geschichte — Geschichte, nicht Vorgeschichte — reicht 3000 Jahre zurück. Seine Kunst greift in alle Höhen und gräbt in alle Tiefen. Nichts Übermenschliches, nichts Menschliches, nichts Untermenschliches ist ihr fremd, sie führt uns wirklich »vom Himmel durch die Welt zur Hölle«. Die Hölle werde ich Ihnen freilich unterschlagen. Sie offenbart sich in allen äußeren Formen, die zugleich innere Formen sind, als Malerei, Bildnerei, Baukunst, Gerätekunst, und innerhalb der einzelnen Künste wieder in allen nur denkbaren Anwendungen. Ihr Reich ist eine Welt, so weit wie die europäischen Kunstschaffens. So kann ich höchstens ihre Grenzen durch ein paar Pfähle abstecken.

Versuchen wir nun ganz im großen die beiden Kunstgebiete des Westens und Ostens gegeneinander abzugrenzen, — wobei wir uns darüber klar sein müssen, daß einzelne Erscheinungen die künstlich geschaffenen Scheidungen immer wieder sprengen. Die Grundeinstellung des Menschen, also auch des Künstlers, zu der Welt der Erscheinungen, der Natur, der Quelle und dem Gegenstande aller Kunst, ist im Westen und Osten verschieden, wenigstens seit und soweit hellenischer Geist, der den Menschen über die Schöpfung erhebt, oder christlicher Geist, der den Menschen als sündenbeladenen Pilger nach kurzer Wanderung durch das irdische Jammertal einem ewigen Jenseits zuführt, den westlichen Geist bestimmen. Der Mensch des Westens fühlt sich der Natur gegenüber, der Ostasiate in ihr, einen Teil von ihr. Wir — setzen wir ruhig dieses Wort ein — suchen uns in der Natur, der Ostasiate sucht die Natur in sich. Wir suchen die Form, die Ostasiaten das Wesen der Dinge zu erfassen. Beides schließt, zu den letzten Folgerungen getrieben, für die Kunst schwere Gefahren in sich: im Westen die Gefahr nüchterner Naturabschreibung, in der die Natur den Menschen unterjocht, im Osten die Gefahr der Erstarrung in der Formel, in der der Mensch die Natur unterdrückt. Im ersten wird die Kunst Wissenschaft, im zweiten Ornament, das erste wird Sklavenarbeit, das zweite kindische Spielerei. Die großen, die eigentlich schöpferischen Gestalter beider Welten, begegnen sich freilich auf halbem Wege. Hier werden die zerrissenen Bilder einer fremden und feindlichen Natur im Künstler zu seliger Harmonie vereinigt, dort wird die Harmonie der ihm verbundenen Natur im Künstler zu Bildern aufgelöst.

Immer aber geht der ostasiatische Künstler von dieser Harmonie, dem Einssein mit der Schöpfung, aus. Kein Wunder daher, daß ihm, vielmehr dem Chinesen, die Natur ohne Beziehung zum Menschen, die freie Landschaft zuerst inneres Erlebnis wurde. Schon im Buche der Oden, das teilweise doch wohl bis ins Ende des 2. Jahrtausends vor Christus hinaufreicht, lebt und webt die Natur mit dem Menschen, wie nirgends im gleichzeitigen und noch im wesentlich späteren Westen, dem großartigen Gespräch zwischen Meergott und Flußgott bei Chuang-tzŭ im 3. vorchristlichen Jahrhundert — mag das Kapitel auch apokryph sein, so ist es doch nicht wesentlich jünger — gibt der gewaltige landschaftliche Hintergrund die ganze Stimmung, in den großen Lyrikern des chinesischen und japanischen frühen Mittelalters spricht die stumme Natur eine so zart-gewaltige Sprache, wie sie nur ganz wenigen unserer poetischen Genien gegeben ist. Die bildende Kunst hat erst verhältnismäßig spät die Mittel gefunden, die, wie wir sagen, unbeseelte Natur im Bilde zu beseelen. In gewissem Sinne ist allerdings die Landschaft so alt wie die chinesische Malerei. Aber sie war zunächst nur Tatsachenbericht, Landkarte, Symbol oder Hintergrund für menschliches Geschehen. Im 8. Jahrhundert macht sie sich, zunächst in heroisch gesteigerten, fast ornamentalen Formen, selbständig, und erst im 10. Jahrhundert scheint sie Gestaltung wirklichen Naturerlebens zu werden — immerhin 500 Jahre, ehe sich im Westen die ersten selbständigen Landschaften als bescheidene Notizen nach der Natur schüchtern hervorwagen. In dieser Zeit aber ist das Landschaftsbild in China schon durchaus von innen heraus gestaltet. »Besser«, sagt ein Meister der Wende des 10. und 11. Jahrhunderts — oder wird ihm in den Mund gelegt —, »besser als die alten Meister zu kennen, ist, die Natur zu kennen, und besser als die Natur zu kennen, ist, ihr Wesen zu kennen«. So zog er sich in die Einsamkeit zurück. »Da saß er ganz versunken in das geheime Leben von Wolken und Nebel, Wind und Mond und Dunkel und Licht, bis die Eingebung ihn überkam, und sein Pinsel tausend Klippen und zehntausend Schluchten wachsen ließ«. Solches Schaffen setzt allerdings etwas voraus, was dem Chinesen selbstverständlich war und deswegen nicht erwähnt wird, — die völlige Beherrschung des Handwerkszeuges, das für den Maler und Schreiber in China ja im wesentlichen gleich ist und deshalb auch den künstlerischen Charakter der Malerei von der Schrift her mitbestimmt. Für den europäischen Maler bedeutet der Pinselstrich nur in Beziehung auf das Ergebnis etwas, für den ostasiatischen Maler ist der Pinselstrich selbst nicht nur ein, sondern das wesentliche künstlerische Element, er trägt nach dem Worte Okakuras Leben und Tod in sich. Die unmittelbare Ausdruckwirkung des Pinselbildes bestimmt auch den Eindruck der Landschaftsbilder des 10. und 11. Jahrhunderts, zu so mächtiger Tiefe sie auch in den Raum vorstoßen. Den Chinesen ist die Darstellung des Sehbildes, wie ich es kurz einmal nennen will, im Gegensatz zum Wissensbilde, schon seit sehr früher Zeit geläufig — wer glauben will, daß die Hellenen ihnen diese grundsätzliche Neueinstellung zu der Welt des Auges gebracht haben, mag

Abb. 13. Japan, um 720. Buddha. Bronze. H. mit Basis 4,25 m.
Yakushiji, Nara

Abb. 14. Japan, um 630. Bodhisattva. Holz. H. etwa 80 cm.
Chūgūji bei Nara

Abb. 15. Weltenwächter, Japan um 750. Ton, bemalt.
Ganze Höhe 164 cm. Tōdaiji, Nara

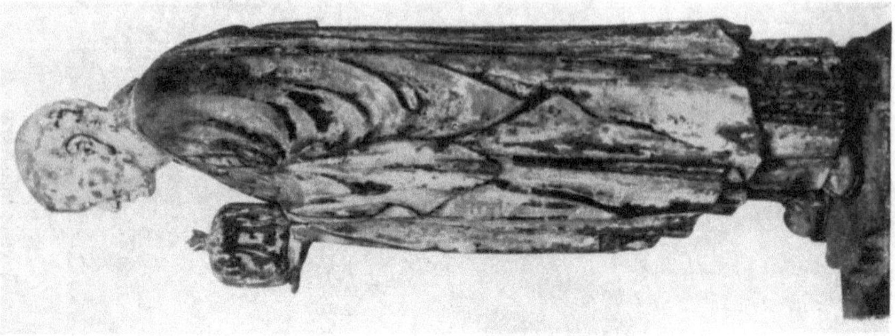

Abb. 16. Unkei, Japan 1209. Hsüan-tsang.
Holz, bemalt. H. 190 cm. Kōfukuji, Nara

es tun. Irgendwelche Beweise dafür haben wir nicht. Die Chinesen sind allerdings mit den Gesetzen der Einaugperspektive sehr willkürlich umgegangen, und die wissenschaftlichen Konstruktionen der Quattrocentisten werden Sie bei ihnen vergebens suchen. Die malerisch und ausdrucksmäßig am stärksten wirkende Veränderung der Dinge durch die Luft und Witterung haben sie viel früher entdeckt und künstlerisch genutzt. Was sie wollten: 10000 Meilen in einem Fuß ins Geviert, haben sie erreicht (Abb. 1). Ein Weg der Landschaft, und es ist der Weg, den wir hier ein Stückchen mitgehen wollen, führt denn auch zu immer größerer Vereinfachung, Intensivierung, Annäherung an den von aller Naturbeengung befreiten Ausdruck der Schrift, wobei auch das störende Element der Farbe immer mehr zugunsten der reinen Form, d. h. der schwarzen, freilich unendlich tonreichen Tusche ausgeschaltet wird. In der Landschaft aus dem 12. Jahrhundert (Abb. 2) ist die Landschaft schon eigentlich nicht mehr im Bilde selbst, sondern im Hirne des Weisen, in dem wir sie ahnend erleben, ebenso wie die Andeutung eines Tempels den tiefen Frieden der im Abenddämmer verschwimmenden, wie gehauchten Landschaft erst recht ins Herz senkt (Abb. 3). Ferne Klosterglocken heißt das Bild, wobei Sie nicht an das laute Getöse unseres Kirchengeläuts, sondern an den tiefen, ortlosen, aber meilenweit hörbaren Klang der mit dem Schlagholze angeschlagenen ostasiatischen Glocken denken wollen, den keiner vergißt, der in den Klosterstädten Kyōto oder Nara gelebt hat. Das kleine Bild stammt aus dem 13. Jahrhundert ebenso wie die dämonische Winterlandschaft (Abb. 4), deren schneebedeckte, mit wenigen gewaltigen Strichen umschriebene Berge sich beinahe drohend über dem jämmerlichen Menschengebilde, dem Hüttchen im Mittelgrunde auftürmen. Noch größere Konzentration auf das Wesentliche erreicht das schwer zu datierende Bild (Abb. 5), auf dem sich der nur durch ein paar mächtige Randlinien angedeutete Wasserfall wie eine ungeheure geschlossene Masse zwischen den dunklen Klippenwänden herabstürzt, um in brüllendem Aufprall wieder aufwärts zu greifen. Hier sehen Sie besonders klar, welche Bedeutung auf den ostasiatischen

Bildern dem leeren Raume zukommt. Die Leere ist hier das Hauptelement, der eigentliche Gegenstand des Kunstwerkes. Freilich schließt sich hier wieder der untrennbare Ring von Stoff, Technik und Geist — nur der edle ostasiatische Malgrund, Seide, wie hier, oder Papier, gestattet solches Auslassen. Seit dem 14. Jahrhundert wird die Landschaft, soweit sie sich nicht mit Wiederholungen älterer Vorbilder begnügt, immer mehr subjektiviert, schließlich spielerische Laune, nicht im Künstler konzipierter Wesensausdruck der Natur, sondern reiner Wesensausdruck des Künstlers in allen seinen zufälligen Stimmungen und Verstimmungen, wie in dem entzückenden kalligraphischen Spiele eines Meisters des 17. Jahrhunderts (Abb. 6). Die japanische Landschaft ist der chinesischen im ganzen getreulich gefolgt, hat aber nie die Gewalt und Tiefe der chinesischen Vorbilder erreicht. Sie bleibt immer etwas künstlich, auch, wenn sie, was sie gerne tut, ihre Pinselmeisterschaft beinah prahlerisch zu Markte trägt. Ihr Bestes schafft sie, wenn sie der natürlichen japanischen Begabung zu reizvoll Spielerischem folgt, wie in der zierlichen Landschaft aus dem 18. Jahrhundert (Abb. 7), auf der die Kiefern so lustig die scharfe Bergschneide hinaufklettern, zu deren Füßen ein Bötchen im reißenden Gebirgsbach talabwärts schießt.

Der Kleinwelt der Erscheinungen, der Welt von Tier und Pflanze, steht der ostasiatische Künstler und Mensch naturgemäß noch näher als der erdrückenden Gewalt der großen Natur, der er sich nur als demütiges Glied einfügen kann. Für die Menschen unserer Welt ist das Tier in seiner großartigsten Gestaltung Verkörperung und Träger dämonischer Mächte, also im Grunde genommen unserer eigenen Vorstellungen. Auch im Fernen Osten, namentlich in China, fällt dem Tiere, meist in einer völlig entwirklichten Form, eine ähnliche Aufgabe zu, wie den riesenhaften Tiergestalten (Abb. 8), die zu beiden Seiten der Geisterstraße den verderblichen Einflüssen des Dunkels den Zutritt zum Grabe wehren — hier ein Beispiel aus dem Anfange des 6. Jahrhunderts —. Ähnliches verrichten die Grabbeigaben, wie der Stier des 5. Jahrhunderts, der wohl zugleich dem Toten den Besitz seines Lebens ins Geisterleben mitgeben, wie mit seiner wuchtigen Kraft böse

Einwirkungen abwehren sollte, oder der kleine Bronzebär aus der Zeit um Christi Geburt, ein wehrhaftes Tier, zugleich ein Wortsymbol für Heldenmut, das als Leibwache in nächster Nähe des Sarges den unmittelbaren Schutz des hilflosen Schattenwesens übernahm. Vielleicht urteilen wir falsch, wenn wir aus diesem Bilde etwas wie ein leises Lachen heraushören. Von dem furchtbaren dämonischen Ernste etwa der ägyptischen Tiere und Tierdämonen ist hier jedenfalls nichts. Der kleine Jadeanhänger in Gestalt eines Hasen, etwa aus derselben Zeit, scheint aber zu verraten, daß auch eine scherzhafte Betrachtung der Tiere schon in dieser Zeit denkbar ist. Im ganzen ist die seltsame, auch bei uns Europäern erst seit ziemlich kurzer Zeit verbreitete Auffassung des Tieres als komischen Wesens den Ostasiaten durchaus fremd. Er nimmt das Tier ebenso ernst wie es sich selbst nimmt, und er sieht es nicht von oben herab an, wie wir zu tun geneigt sind. So nahe die Entwicklungslehre uns der Tierwelt gebracht hat, so wenig hat sich unser Gefühl durch sie beeinflussen lassen. Der Ostasiate fühlt sich auch dem Tiere näher, und der Seelenwanderungsglaube des volkstümlichen Buddhismus hat den Abgrund zwischen Mensch und Tier fast völlig verschüttet. Die Sperlinge im Reise (Abb. 9) sind eben Sperlinge, Sperlinge mit Sperlings-, nicht mit menschlichen Anschlägen, mit einer Macht der Einfühlung gesehen, die, ich glaube nicht zu übertreiben, uns einfach nicht möglich ist, weil wir die Tiere entweder dämonisieren oder vermenschlichen oder mit kühlem Forscherauge betrachten. Mit sehr viel einfacheren Mitteln als der chinesische Akademiker des 12. Jahrhunderts, dem auch jede Einzelheit des Federkleides teuer war, hat ein unbekannter japanischer Zeitgenosse Form und Wesen des Tieres erfaßt (Abb. 10). Mit unbeirrbarer Sicherheit und Klarheit umschreiben ein paar graziöse und doch graniten feste Pinselstriche die Form der kämpfenden Stiere — wenige Konturlinien nur, und doch erwachen nicht nur Knochen, Sehnen, Muskeln, sondern auch die rasende Kampfwut zum Leben, die in den mächtigen Leibern brennt. Zu der unbeweglichen und stummen Pflanze hat der Westen im ganzen noch weniger Herzensbeziehungen gefunden als zum

Tiere. Er ist über das Ornament und den Tatsachenbericht nicht hinausgekommen. Selbst Dürers unvergleichliche Pflanzenbilder, die beiden Rasenstücke, die Akeley, die die Form der Pflanze mit wahrhaft übermenschlicher Sicherheit des Auges und der Hand wiedergeben, sind eben doch nur Notizen, Notizen freilich, die in ihrer demütigen Hingabe an Gottes Werk selbst etwas Göttliches haben. In dem Bambus eines chinesischen Meisters des 14. Jahrhunderts (Abb. 11) erhebt sich dagegen die Form zur Idee. Und vergleichen Sie gar das Bild von sechs Früchten der Eierpflaume eines chinesischen Malers und Priesters des 13. Jahrhunderts (Abb. 12)! Kann es etwas prosaischeres geben als diese sechs Runde mit ihren Stielchen? Und sie sind beinahe eine Welt für sich geworden! Eine Skizze? Gerade das Gegenteil einer Skizze! Nicht der erste tastende Versuch um die künstlerische Bemeisterung der individuellen Naturform, sondern die letzte Lösung, die Befreiung von allem Zufälligen und Gleichgültigen. Auch hier ist der Harmonie härtestes Ringen mit der Natur vorausgegangen, wie manches Skizzenbuch ostasiatischer Meister beweist. Erst aus dem gewissenhaftesten Bemühen um das Verständnis der Naturform erwächst die spielende Leichtigkeit, die in Wahrheit das Ergebnis wahrhaft spartanischer Selbstzucht ist.

Und wo bleibt der Mensch, werden Sie fragen, die Krone der Schöpfung? Die Ostasiaten sind sich dessen nicht ganz so sicher wie die Hellenen und die Christen. Der menschliche Leib ist ihnen nie so herrlich erschienen wie den Griechen und das menschliche Antlitz nie so bedeutungsvoll wie den Christen. Auch sie konnten sich die Gestalten der göttlichen Welt nur nach menschlichem Bilde gestalten, aber sie haben sie soweit wie möglich von der animalischen Form weggestaltet. Ihre Gottheiten sind nicht lebensmöglich und deswegen eben als Gottheiten weit möglicher als die menschlichen, allzu menschlichen Wesen, die sich bei uns den Anschein von Göttern geben. Andererseits stehen sie uns menschlich noch nahe genug, um in ein ethisches Verhältnis zu uns zu treten: sie sind nichtmenschlich, aber sie sind nicht unmenschlich, wie so viele Gottheiten der vorderasiatischen und etwa der mittelamerikanischen Kulturen. Kein

Abb. 17. China. Alte Kopie nach Vorlage des 8. Jahrh. Damen bei Seidenarbeiten. Farben auf Seide. Museum, Boston

Abb. 18. Japan um 1300. Tempelbau (Ausschnitt). Farben auf Papier. H. 32 cm. Ishiyama-Tempel, Japan

Abb. 19. Liang K'ai, China, 1. H. 13. Jhdt. Der Dichter Li Po. Tusche auf Papier. H. 79 cm. Graf Matsudaira, Tōkyō

Abb. 20. Mu-ch'i, China, 13. Jahrh. Der Bodhisattva Kuan-yin (Ausschnitt). Tusche auf Seide. H. d. Figur etwa 60 cm. Daitokuji, Kyōto

liebender und gütiger Gott neigt sich in diesem erhabenen Bilde des 8. Jahrhunderts (Abb. 13) zu uns herab. Es ist der große gewaltige Buddha, der Lieben und Hassen, Freude und Leid nicht kennt, und auch seine Hand ist nicht mehr das menschliche Organ zum Greifen und Festhalten, sondern in geheimnisvoller Geste die Wirkerin metaphysischer Kräfte. Der nördliche Buddhismus hat dann aus einer tiefen menschlichen Not heraus zwischen diese jenseits aller Menschheit stehenden Gestalten und die arme Menschheit Mittler gottmenschlicher Art gesetzt und für sie auch die zugleich göttlich erhabene und menschliche Anschauungsform gefunden wie in der gnadenvollen Erlösergestalt des 8. Jahrhunderts (Abb. 14). Selbst mit der Vielköpfigkeit und Vielarmigkeit — anschaulichem Ausdruck metaphysischer Eigenschaften und Beziehungen, und daher Notwendigkeiten — sind die Meister buddhistischer Malerei und Plastik häufig ohne Vergewaltigung der Natur fertig geworden. Die buddhistische Welt, wirklich eine Welt für sich, birgt aber noch sehr viel menschlichere und selbst untermenschliche Gestalten. Sogar der Teufel oder die Teufel, arme, wie alle Kreatur an das Rad des Ixion gefesselte, in den Feuerkreis der Existenz eingeschlossene Wesen, dienen ihr, und bieten dem Künstler einmal Gelegenheit, seine Freude und sein Verständnis für die Spannungskräfte im menschlichen Körper lebendig werden zu lassen. Ebenso werden die Götter, durch Welten von ihnen getrennt und doch wie sie in den Kreislauf des Lebens gebannt, weit über die Welt der Menschen erhaben, aber ihnen unendlich näher als den jenseits aller Kreatur stehenden reinen Erkenntniswesen, den Buddha und Bodhisattva, menschlich und mit menschlichen Leidenschaften gebildet (Abb. 15).

Selbstverständlich aber hat die ostasiatische Kunst auch den natürlichen Menschen in allen seinen Äußerungen in den Bereich ihrer Darstellung einbezogen. Der Persönlichkeitskult der Antike und der Neuzeit ist ihr freilich fremd, und von Denkmälern großer Männer auf Straßen und Märkten ist uns nichts überliefert. Aber genau wie bei uns bedeutet für Familie und Freund schon in früher Zeit das Bild des Abwesenden, namentlich des für immer Abwesenden, ein teures Besitztum. Der Ahnenkult, von altersher einer der größten geistigen Mächte Ostasiens, wird sehr stark von den Bildnissen der Ahnen getragen, denn der Mensch will sehen, um zu verehren. Die Bildnisse des Fernen Ostens sind also in der Hauptsache Bilder vergotteter Menschen, d. h. Kultbilder. Wie vom Mensch zum Tier und noch dunkleren Wesen nur ein Schritt ist, so klafft auch zwischen Menschheit und der reich abgestuften Götterwelt kein Abgrund. Kultbild ist das Bildnis des großen japanischen Staatsmannes Yoritomo, der die Staatsform Japans bis zum Jahre 1868 bestimmt hat, aus dem Anfange des 13. Jahrhunderts, trotz seiner völlig weltlichen Tracht und Haltung, Kultbild das wahrhaft holbeinsche Bildnis eines machtvollen buddhistischen Priesters aus der Mitte des 14. Jahrhunderts, Kultbild das erstaunlich realistische, offenbar nach dem Leben geschnitzte Holzbildnis des Priesters Eison aus dem Ende des 13. Jahrhunderts, noch mehr Kultbild die Statue des großen chinesischen Pilgers Hsüan-tsang, das ein genialer japanischer Bildhauer zu Anfang des 13. Jahrhunderts als Idealbildnis schuf (Abb. 16). Sie stehen sämtlich in buddhistischen Klöstern Japans als Gegenstände der Verehrung — oder standen, denn die pietätlose Neuzeit hat sie z. T. in Museen verbracht.

Ursprünglich wohnt auch den scheinbar überaus weltlichen Grabstatuetten ein magischer Sinn inne. Denn die Figuren sind Symbole, deren geistige Substanz dem Toten im Jenseits Ersatz für die körperliche Substanz im verlorenen Diesseits bilden sollte, einen Ersatz, den früher die lebenden Grabbeigaben in noch wirkungsvollerer Form gegeben hatten. Die chinesischen Damen aber, die mit der Kohlenpfanne ein frisch gewebtes Seidentuch glätten (Abb. 17), wahrscheinlich eine freie Kopie des 12. Jahrhunderts nach einem Vorbilde des 8., haben dagegen gar nichts Magisches und Mystisches. Sie sind ganz einfach in ihre ehrliche Frauenarbeit versunken, und das kleine Mädchen, das höchst unbekümmert um das ernste Tun der Großen unter dem ausgespannten Tuche Brücke spielt, fügt einen liebenswürdig schalkhaften Zug hinzu, der uns an der völligen Erdhaftigkeit des Bildes keinen Zweifel läßt. Die wahrhaft majestätische Komposition, die monumentale Geschlossenheit der Figuren und die für die ostasiatische Kunst so bezeichnende Front nach Innen hebt es trotzdem über das einfach Genrehafte weit hinaus. Darf ich bei diesem Bilde schöner Frauen, einem unter unzähligen, auf einen bezeichnenden Zug hinweisen, der wirklich der ganzen ostasiatischen Kunst gemeinsam ist, — auf das völlige Fehlen des für die Kunstbetrachtung so gefährlichen geschlechtlichen Elements, das sich in unserer Kunst an vielen Stellen so ungebührlich und störend breit macht? Es ist nicht ausgemerzt, es ist einfach nicht da. Bei den Kennern der dunkleren Gefilde ostasiatischer Kunst wird diese überraschende Feststellung vielleicht verständnisinnige Heiterkeit auslösen. Ich weiß, daß, ganz abgesehen von dem beinahe fabrikmäßigen Zeugs, das die Chinesen und Japaner nicht nur für die Fremden, sondern auch für den eigenen Gebrauch produzieren, die größten Meister beider Länder sich mit Unzweideutigkeiten vergnügt haben, die in Europa ihresgleichen suchen. Aber es sind eben keine Zweideutigkeiten. Alles Geschlechtliche ist sauber oder unsauber in einer Ecke zusammengefegt, während es bei uns die Kunst sehr häufig auch da parfümiert, wohin es gar nicht gehört.

Ebenso auffallend wirkt auf der anderen Seite in der ostasiatischen Kunst die entschiedene Abneigung, ja der völlige Verzicht auf die Verherrlichung kriegerischer Taten, die doch bei allen anderen Völkern eines der wirksamsten und deshalb häufigsten Mittel der Volkserziehung bildet. Abneigung gegen den Krieg begründet diese Abneigung gegen seine Darstellung schwerlich, denn die Chinesen stehen zwar in dem Geruche eines von Grund auf friedfertigen Volkes, haben aber Eroberungskrieg über Eroberungskrieg geführt, und die Japaner, denen bis in die neueste Zeit nur e i n Eroberungskrieg zur Last fällt, gelten mit Recht als eines der kriegerischsten Völker der Geschichte. Ich weiß keine Erklärung für die Tatsache, daß sich in beiden Ländern die Darstellung, keineswegs Verherrlichung des Krieges, auf eine ausgesprochene Kabinettskunst beschränkt, die sich an einen exklusiven Kreis vornehmer Liebhaber wendet. In dieser Form, vielleicht der einzigen, in der sich ohne Verlogenheit das ganze

Grauen des Krieges anschaulich machen ließ, sind vor allem die Japaner des 13. Jahrhunderts Meister. Niemals ist stürmische Massenbewegung mit solcher beinahe gespenstischer Wahrheit geschildert worden wie in diesen Miniaturen, die gerade durch ihr winziges Format das Unerträgliche erträglich machen. Dieselben Meister wissen aber auch sanftere Töne anzuschlagen. Sie erzählen die köstlichsten Märchen und Wunder und steigen wohl auch, wenn es der Gegenstand erfordert, zum Volke herab, um es bei seiner Hantierung zu belauschen. Hier wächst unter den Händen fleißiger Zimmerer, deren rhythmischer Axtschlag aus der Bauhütte hinten ertönt, ein Tempel empor, zu dem Menschen- und Stierkräfte das Bauholz herbeischleppen, während der Pater Gardian sich die neue Tempelglocke vorführen läßt (Abb. 18).

Während hier alles äußere Handlung und Bewegung ist, gestaltet sich in den mächtigen, bewußt auf das Wesentliche zurückgeführten Tuschgemälden der Chinesen des 12. und 13. Jahrhunderts auch das Menschenbild von innen zu symbolisch-welthaftem Ausdruck (Abb. 19 und 20). Unter der virtuosenhaft geschickten Hand der Japaner artet sie nur zu leicht zum schwunghaften Rhythmus reiner Pinselarchitektur aus.

Ich bin zu Ende. Diejenigen, die schon eine Vorstellung von ostasiatischer Kunst hatten, werden nichts gehört und gesehen haben, was ihnen neu war, und sie werden sicherlich vieles vermissen, schon weil ich mich auf die darstellenden Künste habe beschränken müssen. Die anderen beiden Künste, die nur sich selbst darstellen, die Baukunst und die unendlich reich ausgebildeten Künste des Gerätes habe ich schuldig bleiben müssen. Noch weniger schmeichle ich mir, denen, die ostasiatische Kunst nicht kannten, durch die wenigen Bilder oder gar durch meine dürftigen Erläuterungen irgend etwas wie eine Vorstellung von ihr gegeben zu haben. Vielleicht aber haben wenigstens die Bilder das eine offenbart, daß auch in der bildenden Kunst des Fernen Ostens, so fremd sie uns sein mag, dieselben schöpferischen Kräfte des Menschen um Ausdruck ringen wie bei uns, zum Ausdruck in jener in sich selbst beschlossenen Harmonie — nach dem wunderbaren Worte Mörikes: Das Schöne aber, selig ist es in ihm selbst.

FSC
www.fsc.org
MIX
Papier | Fördert
gute Waldnutzung
FSC® C083411

Kolibri 360 GmbH
Ferdinand-Jühlke-Straße 7
99095 Erfurt, Deutschland
produktsicherheit@kolibri360.de